Klaus-Dieter Sedlacek
Unsterbliches Bewusstsein

W0197627

Autor

Der Autor Klaus-Dieter Sedlacek, Jahrgang 1948, studierte Mathematik und Informatik. Er beendete 1975 seine Studien mit dem Diplom in Mathematik. Nach einigen Jahren Berufspraxis gründete er eine eigene Firma, die sich mit der Entwicklung von Anwendungssoftware beschäftigte. Diese führte er mehr als fünfundzwanzig Jahre lang. Als Mathematiker ist er dafür prädestiniert komplexe Zusammenhänge unserer Welt aufzudecken und logisch zu erklären. Neben Sachbüchern schreibt er auch spannende Romane.

Klaus-Dieter Sedlacek

Unsterbliches Bewusstsein

Raumzeit-Phänomene
Beweise und Visionen

Bibliographische Information Der Deutschen Bibliothek:
Die Deutsche Bibliothek verzeichnet diese Publikation in
der Deutschen Nationalbibliographie;
detaillierte bibliographische Daten sind im Internet
über http://dnb.dbb.de abrufbar.

2. Auflage

© 2008 Klaus-Dieter Sedlacek
Cover Komposition: Sedlacek; Basisbild: Wolfgang Beyer, GNU-Li-
zenz (siehe Anhang).
Rechtschreibprüfung mit Duden Korrektor 4.0
Herstellung und Verlag: Books on Demand GmbH, Norderstedt
Originalausgabe
ISBN: 978-3-837-04351-8

Inhaltsverzeichnis

Vorwort....................7

Glaubwürdigkeit von Aussagen über die Wirklichkeit.......9

Was nach der Physik kommt....................35

Eine physikalische Theorie vom Jenseits....................59

Außerhalb von Raum und Zeit....................66

Das primäre Bewusstsein des Vakuums....................82

Das wahre Gesicht der Wirklichkeit....................111

Antworten auf Grundfragen unseres Seins....................123

Der freie Wille....................123
Der Demiurg (Welterbauer) und die Antwort auf die Frage
nach dem Sinn....................125
Unsterblichkeit....................130

Glossar....................133

Literaturhinweise....................136

Abbildungsverzeichnis....................138

Stichwortverzeichnis....................140

Anhang....................143

GNU Free Documentation License....................143

Vorwort

In diesem Buch geht es weder um Glauben noch um Esoterik, sondern um Beweise. Glaubwürdige, wissenschaftliche Beweise, die in eine Form gepackt sind, dass sie für jeden Interessierten verständlich, bzw. nachvollziehbar sind. Als Form der Darstellung dient eine Rahmenhandlung, in welcher der fiktive Professor Allman eine Lehrgangsveranstaltung für seine Kollegen abhält. Nach und nach entwickelt Professor Allman eine belastungsfähige wissenschaftliche Theorie.

Es ist ungewöhnlich, wenn eine wissenschaftliche Arbeit aufgebaut ist wie ein Sachbuch und eine Rahmenhandlung benützt. Aber diese Arbeit hat auch einen ungewöhnlichen, uns alle betreffenden Inhalt. Der soll und darf nicht in den Büchereien der Fachwelt verstauben, sondern drängt nach dem Zugang zu einer breiten Öffentlichkeit. Wohl zum ersten Mal gelingt der Beweis, dass Bewusstsein außerhalb des Gehirns existiert. Das hat kaum absehbare Folgen für unser Weltbild. Einige dieser Folgen werden dargestellt.

Die Rahmenhandlung und die Namen der Lehrgangsteilnehmer sind fiktiv, aber der zur Diskussion gestellte Inhalt ist real. Die vorgestellten unerklärlichen Phänomene, die einer Erklärung zugeführt werden, sind der Fachwelt meist schon seit Jahrzehnten bekannt. Weil die Phänomene sich aber bisher jedweder tieferen Erklärung widersetzten, gelang es den Wissenschaftlern nicht, sie einem breiteren Publikum verständlich zu präsentieren. Die Wissenschaft nahm sie als unerklärlich hin, ging mit ihnen um und gewöhnte sich an sie, bis sie ganz gewöhnlich und selbstverständlich schienen. Der größere hinter den Phänomenen liegende Zusammenhang blieb verborgen.

Seit ich mich in meiner Studienzeit damit zu beschäftigten begann, ließen mir die Phänomene keine Ruhe. Immer wieder dachte ich, dass es dafür doch eine Erklärung geben müsste. Leider hatte ich während meines Berufslebens als Mathematiker und Infomatiker nicht die Zeit, nach einer Lösung zu suchen. Jetzt erst in meinem Ruhestand bekam ich diese.

Um von einer tieferen Erkenntnis des Inhalts zu profitieren, sollte dieser nicht einfach konsumiert werden. Vielmehr ist Mitdenken gefragt, um die Beweise zu verstehen. Ich möchte an dieser Stelle einen Satz von Immanuel Kant zitieren, der einer der bedeutendsten Philosophen der Neuzeit ist: *„Habe Mut, dich deines eigenen Verstandes zu bedienen!" (Berlinische Monatsschrift, 1784,2, S. 481–494).* Als Lohn der Mühe winkt eine unglaubliche, für viele sogar beglückende Erkenntnis, von der ich an dieser Stelle nicht zu viel verraten möchte. Ich glaube und hoffe, dass es mir gelungen ist, die Phänomene so zu erklären und den größeren Zusammenhang so zu präsentieren, dass Schulkenntnisse ausreichen, um die fantastischen und doch realen Folgen für die Welt und für einen persönlich zu erfassen.

Klaus-Dieter Sedlacek

Glaubwürdigkeit von Aussagen über die Wirklichkeit

Hier fass ich Fuß!
Hier sind es Wirklichkeiten,
Von hier aus darf der Geist
mit Geistern streiten,
Das Doppelreich, das große,
sich bereiten.

Johann Wolfgang von Goethe, Faust II

Montag, der 2. Juni

„Worin besteht die Realität? – Was ist das Wesen von Geist und Materie? – Verfügt der Mensch über einen freien Willen? – Was ist der Sinn des Lebens? – Überlebt unser individuelles Bewusstsein den persönlichen Tod? – Das sind nur einige Themen, die wir in den nächsten Tagen behandeln werden!"

Mit seiner kräftigen, tiefen Stimme eröffnet Professor Allman als Moderator die gut besuchte Lehrgangsveranstaltung mit dem Titel: „Von der Unsterblichkeit des Bewusstseins – ein neues metaphysisches Weltbild".

Zuvor hat der bekannte Physiker aus Quantum City seine interessierten Kollegen aller Fachbereiche willkommen geheißen.

Die Sonne flutet durch die großen Fenster des abgeschiedenen Seminarraums in der Außenstelle der Albert-Einstein-Universität. Das Lehrgangsgebäude thront einsam auf einer Düne mit Blick über die Weite des atlantischen Ozeans und wird gern benutzt, wenn es darum geht mit einer kleinen Gruppe hochqualifizierter Spezialisten wissenschaftliches Neuland zu betreten und die Wunder der Naturwissenschaft zu einer Gesamtschau zu vereinen. Doch die Gruppe die an diesem Montag den Weg in die Abgeschiedenheit, gut 150 km von Quantum City entfernt, gefunden hat, ist keineswegs klein zu nennen. Trotz der Begrenzung auf maximal 25 Teilnehmer sind aus nicht speziell angesprochenen Fachbereichen noch weitere zehn Kollegen des extravaganten Physikprofessors gekommen. Es sind Kollegen, die sich das interessante Thema auf keinen Fall entgehen lassen wollten. Professor Allman brachte es nicht übers Herz sie zurückweisen und so ist der Lehrgangsraum brechend voll.

Die Lehrgangsreihe soll die ganze Woche dauern. Wer am Abend eines Lehrgangstages nicht nach Hause fahren will, kann in dem angeschlossenen Hotel übernachten und die Wissensaufnahme mit ein paar Stunden Urlaubsgefühl verbinden.

Der 43-jährige und 1,80 m große Professor Allman streicht mit der Linken über seinen auf wenige Millimeter Länge gestutzten Vollbart und schaut erwartungsvoll in die Runde, ob nicht schon eine Reaktion auf seine ersten Sätze kommt. Er sieht sympathisch aus mit seinem gerundeten Gesicht und den lebhaften, freundlich durch die Brille blitzenden Augen. Sein braun kariertes Jackett und ein blauer Seidenschal verleihen ihm eher das extravagante Aussehen eines Künstlers, denn eines trockenen Naturwissenschaftlers.

Lehrgänge für gleichrangige Wissenschaftler zeichnen sich durch eine hohe Interaktivität zwischen Moderator und Lehrgangsteilnehmern aus. So bleibt die erste Zwischenfrage nicht aus. Dr. Helena Anaximenes, eine trotz ihrer roten Haare hoch qualifizierte Mathematikerin aus der vorderen Reihe, wirft spitzbübisch lächelnd ein: „Professor Allman, wildern Sie mit Ihrem Thema nicht bei den Philosophen? Was hat das Thema mit Ihrem Fachbereich der Physik zu tun?"

Professor Allman schmunzelt: „Sicher reklamieren die Philosophen die Metaphysik als ihr alleiniges Fachgebiet. Trotzdem kommt die moderne Physik nicht ohne das aus, was angeblich zur Metaphysik gehört. – Wissen Sie was das Ziel der Metaphysik ist?"

Dr. Albert Maupertius, der in Ehren ergraute Philosoph unter den Teilnehmern, fühlt sich angesprochen: „Es geht um Erkenntnis der Grundstruktur und Prinzipien der Wirklichkeit! – Aber eigentlich ist das mein Fachgebiet, Herr Kollege, und nicht Ihres."

„Ich darf Ihre Worte aufschreiben:
Erkenntnis der Grundstruktur und Prinzipien der Wirklichkeit!

Professor Allman drückt ein paar Tasten auf einer Computertastatur und projiziert den Satz mithilfe eines 3D-Beamers gleißend hell, mitten in den Lehrgangsraum. Gleichzeitig verfärben sich die Fensterscheiben und verdunkeln sich wie die Gläser einer Sonnenbrille, um das Sonnenlicht abzudämpfen. Die zweite Aussage seines Kollegen, die einer Rüge gleicht, beachtet er nicht.

„Außerdem hat der griechische Philosoph Platon gesagt, Metaphysik sei das, was nach der Physik kommt!" ergänzt Dr. Krates, der bärtige Assistent von Dr. Maupertius.

„Auch das ist richtig!" kommentiert Professor Allman. „Die klassische Metaphysik beschäftigt sich mit Fragen wie 'warum überhaupt etwas existiert' oder 'was die Wirklichkeit als solche ausmacht'. Mit diesen Fragen werden wir uns auch beschäftigen. In dieser Lehrgangswoche wollen wir Themenbereiche behandeln, die jenseits der klassischen Naturwissenschaft liegen, aber dennoch eine Bedeutung für die wissenschaftliche Forschung haben."

Hartnäckig wendet die Mathematikerin Dr. Anaximenes ein: „Trotzdem möchte ich in Erinnerung rufen, was der Philosoph

Kant hat gesagt und was mir auch als Mathematikerin geläufig ist. Er meinte, dass jeder Versuch Theorien über die Wirklichkeit aufzustellen, die hinter den Dingen der Erfahrung liegen, zum Scheitern verurteilt ist."

„Kant hatte in seinem damaligen Umfeld recht", stellt Professor Allman fest und schaute erst Dr. Anaximenes fest an und dann in die Runde. „Ob seine Aussage heute immer noch gültig ist, kann ich an dieser Stelle nicht glaubwürdig beantworten."

Betretene Gesichter blicken zurück. Wenn alle Einwände gegen den Lehrgang erst einmal richtig sein sollen, warum sitzen sie dann hier?

„Aber ...", fährt Professor Allman fort. „Ich glaube Sie sind nicht in diesen Lehrgang gekommen, um schon nach wenigen Minuten wieder nach Hause zu gehen. Sie sind brennend an den Grundfragen Ihres Seins interessiert. Sie wollen Antworten und nicht nur irgendwelche Antworten, sondern plausible Antworten. Antworten, die Sie zufrieden stellen. Antworten jenseits von Religion, Pseudowissenschaft und Esoterik. Antworten auf wissenschaftlichem Niveau. Kurz glaubwürdige Antworten, die auf der wissenschaftlichen Methode basieren."

Der grauhaarige Dr. Maupertius antwortet: „Genauso ist es Herr Kollege! Nicht philosophisches Fachwissen interessiert mich, denn das gehört zu meinem Beruf, sondern glaubwürdige Antworten auf die Grundfragen unseres Seins. Ich glaube ich spreche auch für die übrigen Anwesenden, wenn ich sage, dass der Begriff Metaphysik in der Seminarankündigung durch einen Physiker uns sehr verwirrte."

„Dann lassen Sie mich das Ergebnis meiner nachfolgenden Erläuterungen kurz vorwegnehmen: Ohne Metaphysik gibt es keine Theorien und keine wissenschaftliche Methode. Darüber hinaus will ich Ihnen einen Weg zeigen, wie Sie zu glaubwürdigen Antworten auf die Grundfragen des Seins kommen."

„Das erscheint mir ein Widerspruch zu sein, Professor Allman. Für viele Menschen ist schon glaubwürdig, was ihnen ihre Religionsführer erzählen. Logik und empirische Beweise zählen für diese Menschen nicht, denn sie trauen sich nicht selbst zu denken, sondern übernehmen alles was man Ihnen vorbetet. Andere Menschen geben sich mit esoterischen Beschreibungen zufrieden. Für diese ist bereits das glaubwürdig, was sich tröstlich anhört. Ich gehöre schon aus beruflichen Gründen weder zur ersten noch zur zweiten Menschengruppe. Gerade weil ich Geisteswissenschaftler bin, möchte ich, dass mein kritischer Verstand zufrieden gestellt wird. Dazu benötige ich empirische Beweise für die Aussagen über die Grundfragen des Seins, also etwas was die Philosophie nicht zu liefern imstande ist. So bin ich gespannt, wie Sie das Problem der Glaubwürdigkeit lösen wollen."

„Ich bin sicher, dieser Lehrgang wird Sie zufrieden stellen, Dr. Maupertius. – Nun zum Thema: Zu den Zeiten, als wir Menschen noch mit Pfeil und Bogen auf die Jagd gingen, beschränkte sich die Kenntnis der Physik auf das Alltagsleben. Das Wissen, warum etwas funktionierte, entsprang allenfalls magischem Denken. Für alles gab es irgendeinen Gott oder einen Geist, der die Welt zum Laufen brachte. Eine theoretische Grundlage fehlte. Heute dagegen ist das Wissen und das Verständnis der Welt viel umfassender. Wenn wir den atemberaubenden technischen Fortschritt seit der Zeit unserer fellbekleideten Vorfahren und insbesondere den Fortschritt in den letzten drei Jahrhunderten bestaunen, dann müssen wir uns vergegenwärtigen, dass wir das fast vollständig der 'wissenschaftlichen Methode' verdanken, also dem Experiment, der Beobachtung, dem logischen Denken, der Hypothesenbildung und der Widerlegung. Was ich gerade in wenigen Begriffen zusammenfasste gehört zu dem, was wir als wissenschaftliche Theorie bezeichnen."

Professor Allman kommt langsam in Fahrt und setzt seine Einführung fort:

„Ich weiß wohl, dass Sie alle sich sehr gut in der Bedeutung wissenschaftlicher Theorien auskennen. Lassen Sie mich dennoch anhand der folgenden Folie einige Grundfragen diskutieren."

Der gleißend hell leuchtende Beamer wirft die Folie auf einen rauchig-transparenten Vorhang mitten in den Raum. Der Vorhang besteht aus einem neu entwickelten Material. Das darauf projizierte Bild lässt die Teilnehmer glauben, es würde frei im Raum schweben.

Sieben Kriterien, die erfüllt sein müssen, damit es sich um eine wissenschaftliche Theorie handelt. Es muss ...

1. ... eine Wirklichkeit logisch widerspruchsfrei beschrieben werden, einschließlich den Voraussetzungen dieser Wirklichkeit

2. ... diese Wirklichkeit logisch erklärt werden und ggf. müssen weitere Schlussfolgerungen abgeleitet werden (=Hypothesen)

3. ... eine unnötig komplizierte Erklärung vermieden werden, wenn es auch einfacher geht (Ockhams Rasiermesser!)

4. Die Hypothesen müssen prinzipiell falsifizierbar sein (=Überprüfung auf Falschheit)

5. ... empirisch entschieden werden, ob die Wirklichkeit zu den Hypothesen passt (falsifizieren oder verifizieren)

6. Es müssen Ableitungen solcher Vorhersagen gemacht werden, die praktische Bedeutung haben

7. Es muss empirisch entschieden werden können, ob die Vorhersagen richtig sind (falsifizieren oder verifizieren)

Professor Allman blickt in die Runde: „Kann mir jemand ein Beispiel für eine wissenschaftliche Theorie nennen?"

„Ja, ich!", meldete sich Johanna Balthasar, eine streng gekleidete Frau in grauem Kleid und aus der letzten Reihe. Das Schild vor Ihrem Platz weist sie als Mitglied der theologischen Fakultät aus. „Die Welt ist in sechs Tagen von unserem Schöpfer erschaffen worden!"

Durch das Auditorium geht ein missfälliges Geraune.

„Wieso glauben Sie, dass es sich dabei um eine wissenschaftliche Theorie handeln könnte?", Professor Allman runzelt seine Stirn.

„Weil es die absolute Wahrheit ist, schließlich wurde alles wortwörtlich so aufgeschrieben, wie es vom Schöpfer kommt!"

„Na gut, dann wollen wir mal anhand der sieben Kriterien, die eine wissenschaftliche Theorie ausmachen, überprüfen, ob es sich bei Ihrer Aussage tatsächlich, um eine wissenschaftliche Theorie handelt. Fangen wir mit dem ersten Kriterium an. Ist die Aussage der jungen Dame die logisch widerspruchsfreie Beschreibung einer Wirklichkeit?"

Der rechte Nachbar von Johanna Balthasar, ein großgewachsener junger Mann, dessen Namensschild ihn als Dr. Benedikt von Aniane ausweist, wirft kurz einen Blick auf seine Nachbarin und antwortet dann: „Zur Ehrenrettung der theologischen Fakultät möchte ich sagen, dass auch wir uns dem wissenschaftlichen Denken verpflichtet fühlen. Soweit es sich um unbeweisbare Glaubensinhalte handelt, wollen wir keineswegs unsere Religion mit der Naturwissenschaft in einen Topf werfen! Soviel ich weiß, unterscheidet sich der Schöpfungsmythos in Genesis 1,1 – 2,4a von dem gleich danach stehenden Text in Genesis 2,4b – 25.

Während im ersten Text zuerst die ganze Welt erschaffen wird und der Mensch erst am sechsten Tag folgt, folgen im zweiten Text die einzelnen Schöpfungstaten in anderer Anordnung. Hier ist die Erde zunächst trocken, eine unfruchtbare Steppe. Der Mensch wird dann erschaffen als Einzelperson, danach die Pflanzen und Tiere des Gartens, damit der Mensch nicht allein ist. Wenn man also den Text als Ganzes nimmt, handelt es sich meiner Meinung nach nicht um eine logisch widerspruchsfreie Beschreibung einer Wirklichkeit. Schon das erste Kriterium von dem, was eine wissenschaftliche Theorie ausmacht, ist nicht erfüllt!"

„Nicht nur das", ereifert sich Dr. Anaximenes, die Mathematikerin aus der ersten Reihe, die anscheinend auch theologische Kenntnisse besitzt. „Der erste Schöpfungsmythos, nach dem das All mit Wasser gefüllt und der Himmel eine feste Wasserscheide ist, widerspricht offensichtlich nachweisbaren Tatsachen. Schließlich schwimmen unsere Raumschiffe nicht im Wasser, sondern durchqueren das im Weltall herrschende Vakuum. Kriterium 'fünf' ist nicht erfüllt. Die Hypothese, das All sei mit Wasser gefüllt, passt nicht auf die Wirklichkeit."

„Sehr gut analysiert!", freute sich Professor Allman. „Wenn es nur die Beschreibung einer Wirklichkeit gibt, die vielleicht noch nicht einmal logisch widerspruchsfrei ist, dann handelt es sich um Religion, Pseudowissenschaft oder Esoterik. Das ist nicht wertend gemeint, Dr. Benedikt von Aniane, sondern nur einordnend. – Jetzt möchte ich aber wirklich das Beispiel einer wissenschaftlichen Theorie von Ihnen hören!"

Der groß gewachsene Dr. Aniane antwortet: „Wenn auf einer Weide sechs Schafe grasen und sieben kommen hinzu, dann sind anschließend dreizehn Schafe auf der Weide."

Seine Nachbarin Johanna Balthasar läuft vor Ärger rot an: „Das soll besser sein, als das was ich vorher gesagt hab?"

Im übrigen Auditorium sind verhaltene Lacher zu hören.

Mit den Worten: „Es sind alle ernsthaften Diskussionsbeiträge erlaubt! Wir wollen keine Denkverbote und keine Unterdrückung von Meinungen", beendet Professor Allman die Lacher. „Es handelt sich bei beiden Teilnehmern der theologischen Fakultät durchaus um ernst zu nehmende Beiträge. – Dr. Aniane, wollen Sie bitte Ihre Aussage begründen?"

„Kriterium 1: Die dreizehn Schafe auf der Weide sind die Beschreibung einer Wirklichkeit. Eine der Voraussetzungen dieser Beschreibung der Wirklichkeit ist, dass Schafe existieren und auf der Weide grasen und nicht nur Einbildung sind. Kriterium 2: Die Hypothese lautet: man kann mit Hilfe der Arithmetik die Zahl der Tiere addieren und so auf ein Ergebnis kommen. Kriterium 3: Es gibt keine unnötig verkomplizierenden Erklärungen. Ich brauche beispielsweise keine Götter um auf die Zahl dreizehn zu kommen. Das bedeutet Ockhams Rasiermesser ist genüge getan. Kriterium 4: Die Hypothese, dass man mit einfacher Arithmetik die Menge der Schafe bestimmen kann, ist überprüfbar. Kriterium 5: Ich hab hinter den Dünen eine Schafweide gesehen, wir können also empirisch entscheiden, ob die Wirklichkeit zur Theorie passt. Lassen Sie uns die Theorie selbst nachprüfen und nach draußen gehen!" Mit den letzten Worten steht Dr. Aniane auf.

„Danke, Dr. Aniane, setzen Sie sich ruhig wieder. Wir brauchen nicht nach draußen zu gehen. Die Lebenserfahrung spricht für sich", wirft Professor Allman ein. „Aber bitte fahren Sie mit Ihrer Begründung fort."

„Kriterium 6: Ich kann Vorhersagen aus der Hypothese ableiten. Eine dieser Vorhersagen ist: Wenn auf der Weide dreizehn Schafe stehen und drei kommen in den Stall, dann müssen immerhin noch zehn Schafe auf der Weide sein. Kriterium 7: Auch die Vorhersagen lassen sich empirisch prüfen. Wie mir der Schäfer auf der Weide vor Lehrgangsbeginn versicherte, sind die Vorhersagen über die Zahl der Schafe bisher immer eingetroffen!"

Die Anwesenden sind kurz verblüfft, dann 'fangen sie an begeistert auf ihre Bänke zu klopfen.

„Besser hätte es ein Physiker auch nicht ausdrücken können, Dr. Aniane!", lobte Professor Allman, als das Klopfen abebbt. „Damit haben Sie tatsächlich das Beispiel einer physikalischen Theorie genannt und sauber begründet. Und Sie haben noch mehr gezeigt. In der Metaphysik fragt man in allgemeinster Weise danach, was existiert. Die drei großen Physiker Einstein, Podelski, Rosen haben dagegen der Physik und damit auch der Metaphysik ein konkretes Kriterium in die Hand gegeben, um zu entscheiden, wann ein Element der physikalischen Wirklichkeit existiert. Salopp gesprochen sagten sie, wenn die Vorhersagen die Wahrscheinlichkeit eins haben, das heißt also mit Sicherheit eintreffen, dann existiert ein Element der physikalischen Wirklichkeit, das den Vorhersagen entspricht. Um das Ergebnis metaphysisch auszudrücken: Schafe existieren! – Wir hatten zuerst ein Beispiel für eine Aussage über die Wirklichkeit, die nur das Kriterium 'eins' einer wissenschaftlichen Theorie befriedigt und haben jetzt ein Beispiel, das alle sieben Kriterien abdeckt und damit die höchste Stufe der Glaubwürdigkeit erreicht. Gibt es noch etwas dazwischen?"

Dr. August Dessoir, ein wohlbeleibter Parapsychologe mit Nickelbrille meldet sich: „Ich denke an vorwissenschaftliche Theorien, die zwar das Potential besitzen, sich zu anerkannten wissenschaftlichen Theorien zu entwickeln, bei denen aber noch Wichtiges fehlt, wie die empirische Entscheidung der Hypothesen. Die Kriterien 'eins' bis 'vier' von wissenschaftlichen Theorien wären dann zwar erfüllt, aber mit dem Kriterium 'fünf' hapert es."

„Dr. Dessoir, denken Sie an Ihr eigenes Fachgebiet, die Parapsychologie?", fragt Professor Allman nach.

Abb. 4.

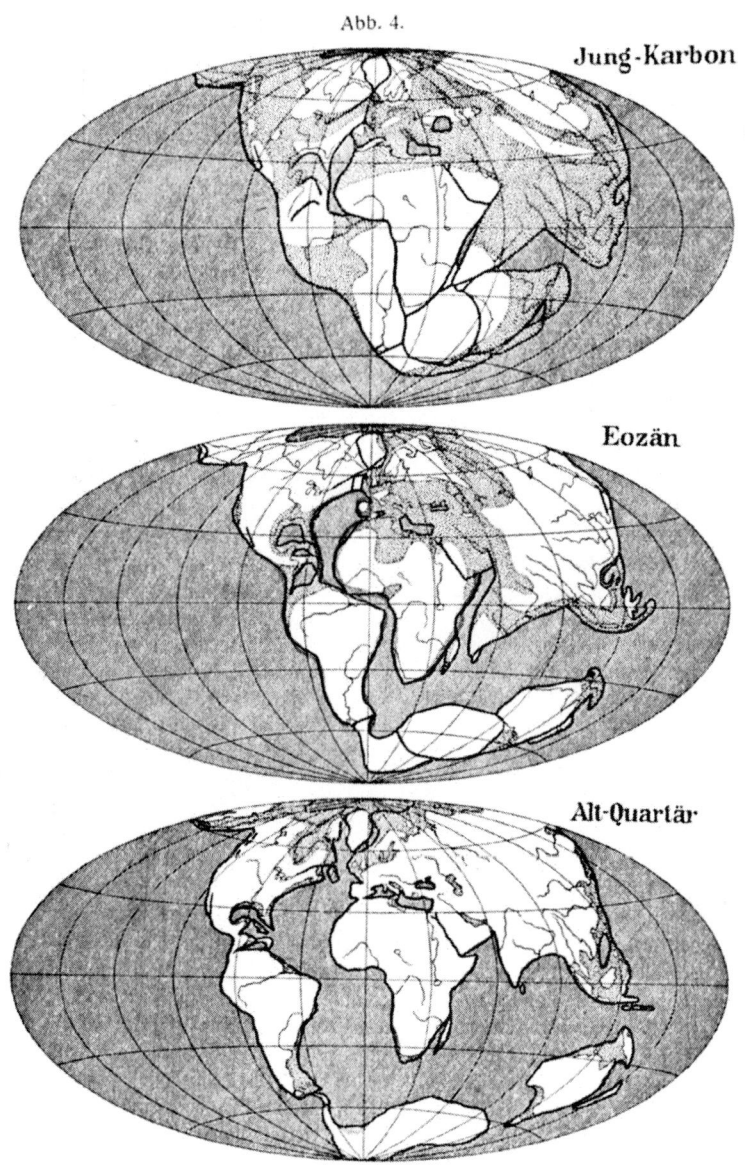

Rekonstruktionen der Erdkarte nach der Verschiebungstheorie
für drei Zeiten.
Schraffiert: Tiefsee; punktiert: Flachsee; heutige Konturen und Flüsse nur zum Erkennen.
Gradnetz willkürlich (das heutige von Afrika).

Abbildung 1: Wegeners Verschiebungstheorie

Dessoir rückt seine Brille zurecht: „Ich hab zuerst Geologie studiert, bevor ich Parapsychologe wurde. Deshalb möchte ich als Beispiel Wegeners Kontinentaldrifthypothese nennen, die lange Zeit als reine Spekulation betrachtet wurde und schließlich nach ihrer Bestätigung in der Geologie, also in einer anerkannten Wissenschaft aufging."

„Danke, Dr. Dessoir. Da nicht jeder Wegeners Theorien kennt, möchte ich zunächst einen kurzen Film aus dem Digitalarchiv abspielen."

Professor Allman drückt ein paar Knöpfe und Sekunden später flackert scheinbar frei schwebend im Raum das Projektionsbild von Alfred Wegener auf. Die Zusammenfassung von Wegeners Leben, der fünfzigjährig im Jahr 1930 in Grönland während einer Forschungsfahrt starb, spult Professor Allman im Zeitraffer vor bis zu der Stelle, an der Wegeners Theorie der Kontinentalverschiebung gezeigt wird: Eine Weltkugel zeigt einen einzigen zusammenhängenden Urkontinent wie eine riesige Insel im Wasser. Nach einiger Zeit zeigen sich Risse im Land und man kann schon annähernd die Formen von Afrika, Amerika, Australien und Antarktika erkennen. An den Rissen trennt sich das Land langsam ab. Die vom Urkontinent abgespaltenen Kontinente driften zu ihren heute bekannten Positionen.

An dieser Stelle hält Professor Allman den Film an. „Bis jetzt sahen wir die Beschreibung einer Wirklichkeit, also das, was das Kriterium 'eins' einer Theorie ausmacht. – Kommen wir zu den erklärenden Aussagen! Dr. Dessoir, wissen Sie welche Hypothesen Wegener anführte?"

„Soviel ich weiß, konnte Wegener die Ursache der Kontinentaldrift nicht plausibel erklären, aber er führte zahlreiche Phänomene an, die ohne Kontinentaldrift unerklärlich waren und die aus meiner Sicht völlig ausreichten, seine Theorie zu bestätigen."

„Und was waren das für unerklärliche Phänomene?"

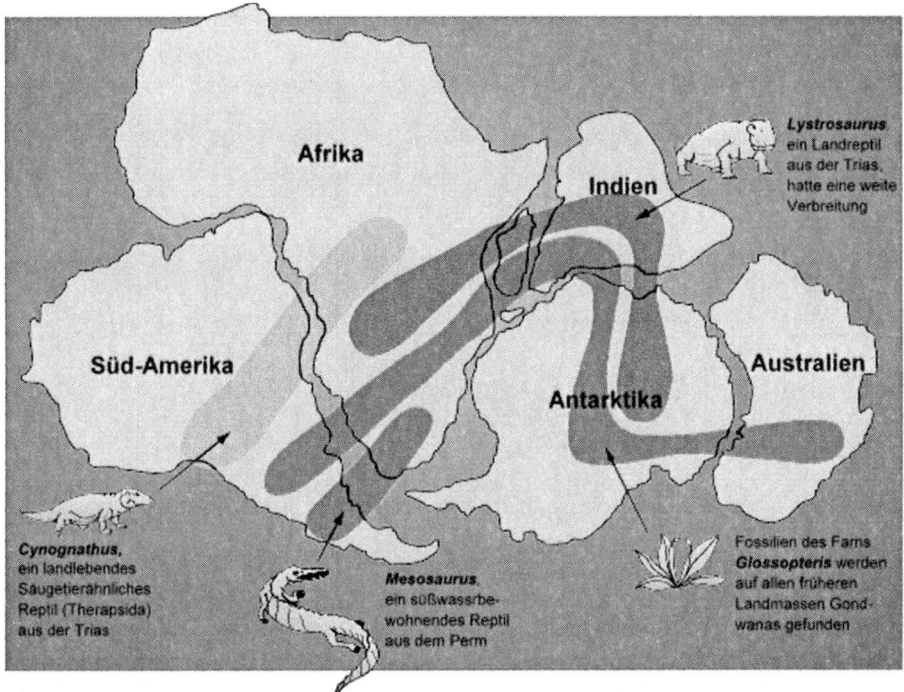

Afrika

Indien

Lystrosaurus ein Landreptil aus der Trias, hatte eine weite Verbreitung

Süd-Amerika

Australien

Antarktika

Cynognathus, ein landlebendes Säugetierähnliches Reptil (Therapsida) aus der Trias

Mesosaurus, ein süßwassrbewohnendes Reptil aus dem Perm

Fossilien des Farns **Glossopteris** werden auf allen früheren Landmassen Gondwanas gefunden

Abbildung 2: Die hier dargestellten paläobiogeographischen Verbreitungsgebiete von Cynognathus, Mesosaurus, Glossopteris und Lystrosaurus erlauben die Rekonstruktion des Urkontinents

„Zum Beispiel die Ähnlichkeit der Gesteinsformationen an den Bruchstellen der Kontinente in Indien, Madagaskar und Ostafrika. Es gibt einen Gebirgszug in Südafrika, dessen Verlängerung in einem ähnlich aufgebauten Gebirge in Argentinien zu finden ist oder präkambrische Gesteine in Schottland, die denen in Labrador auf der anderen Seite des Atlantiks entsprechen. In Norwegen und Schottland gibt es Faltengebirge, die sich in den Appalachen in Nordamerika fortsetzen."

„Gut, das sind Phänomene für Geologen. Gibt es noch andere von Wegener angeführte Argumente?"

„Selbstverständlich, beispielsweise solche aus der Paläontologie. Es wurden Fossilien eines primitiven Zungenfarns (*Glossopteris*) samt der zugehörigen Flora sowohl in Afrika als auch in Brasilien gefunden. Ferner konnte man die Verbreitung diverser Reptilien in den unterschiedlichen Kontinenten nachweisen."

Professor Allman zeigt die paläobiogeografischen Verbreitungsgebiete von Cynognathus, Mesosaurus, *Glossopteris* und Lystrosaurus.

Dr. Dessoir erzählt weiter: „Und eine weitere wichtige Hypothese betraf das Klima in der Antarktis. Dort entdeckte man Kohlevorkommen, die sich nur unter tropischen Bedingungen bilden konnten. Das alles konnte nach Wegeners Ansicht allein durch eine Kontinentalverschiebung erklärt werden."

„Ich verstehe: Die erstaunlichen Fakten dienten zur indirekten Verifizierung der Hypothese der Kontinentalverschiebung. Ihr Wert entspricht dem einer direkten empirische Entscheidung von Kriterium 'fünf'."

„So ist es Professor Allman! Würde man den Kontinentaldrift verneinen, wären alle Argumente wirklich nur unerklärliche Phänomene. Wie wollte man beispielsweise sonst die Kohlevorkommen in der Antarktis erklären? Leider haben seine Zeitgenossen, das nicht anerkennen wollen und so geriet die Kontinentaldrifttheorie nach seinem Tod in Vergessenheit."

„Und wie sieht es heute mit der Theorie aus, Dr. Dessoir?"

„Kein Problem! Heute kann die Kontinentalverschiebung durch satellitengeodätische Messungen direkt nachgewiesen werden. Man kann jetzt sogar Vorhersagen machen, um wieviel Zentimeter pro Jahr Amerika von Europa wegdriftet."

„Dann darf ich zusammenfassen: Wegener stellte eine Theorie auf, bei der die Kontinentalverschiebung nicht direkt verifizierbar war. Das heißt Kriterium 'fünf', die direkte empirische Entscheidung, ob seine Hypothese stimmt, fehlte. Damit fehlte

Dr. Krates kratzt sich verlegen am Kopf. „Ich denke doch, dass Ihr Physiker mir Atomkerne zeigen könnt. Insofern scheint mir deren Existenz glaubhaft."

„Dann will ich Sie darüber aufklären, dass der ursprüngliche Nachweis über die Struktur der Atome nur indirekt geführt werden konnte." Professor Allman schaut in die Runde. „Haben wir hier einen Teilchenphysiker, der Dr. Krates den Rutherford'schen Streuversuch von 1906 verständlich beschreiben kann?"

Aus der Mitte des Auditoriums meldet sich Professor Ernest Geiger: „Vor Rutherford wusste man nicht, dass die Masse des Atoms hauptsächlich auf einen kleinen Kern konzentriert ist. Rutherford wollte mehr über das Aussehen von Atomen wissen und so ließ er Goldfolie mit den Alpha-Teilchen eines radioaktiven Elements beschießen. Die Alpha-Teilchen drangen nicht alle auf einer geraden Linie durch die Goldfolie hindurch, sondern wurden teilweise gestreut, nämlich immer dann, wenn sie auf die Atomkerne der Goldatome trafen."

Während Professor Geiger erklärt, startet Professor Allman eine Animation. Ein walnussähnliches Gebilde wird in den Raum projiziert. Erbsenartige Kügelchen, welche die Alpha-Strahlen darstellen sollen, fliegen in gerader Linie aus einem schwarzen Kasten heraus. Die meisten fliegen an der Walnuss vorbei. Einige Erbsen treffen die Walnuss und prallen von ihr ab. Der Abprallwinkel ist unterschiedlich, je nachdem an welcher Stelle die Walnuss von der Erbse getroffen wird.

„Wunderbar Ihre Animation!", lobt Professor Geiger. „Wenn Sie jetzt noch die Walnuss abdecken könnten, Professor Allman, dann hätten wir in etwa die Situation ,in der sich Rutherford befand, als er etwas über das Atom herausfinden wollte. Er wusste schließlich nichts über das Innere des Atoms."

ihm auch die Glaubwürdigkeit und Anerkennung durch die mei⸱
ten seiner Zeitgenossen. Allenfalls wurde seine Theorie als vorwi⸱
senschaftlich angesehen. Seine Zeitgenossen übersahen aber, da⸱
zahlreiche sonst unerklärliche Phänomene, die von der Hypoth⸱
se abhängig waren, diese indirekt verifizierten. – Auch in der Ph⸱
sik können wir viele Hypothesen nur indirekt beweisen. Das b⸱
deutet insbesondere für die Hypothesen der metaphysischen F⸱
gestellungen, die wir hier im Lehrgang aus der Sicht der Phy⸱
behandeln, dass diese indirekt verifiziert werden."

„Was muss ich hören?" Dr. Krates, der Assistent des Philo⸱
phen Dr. Maupertius springt von seinem Sitz hoch und er⸱
sich: „Sie haben uns unter falschen Voraussetzungen in diese⸱
minar gelockt, Professor Allman! – Ich dachte es handelt sich⸱
eine naturwissenschaftliche Veranstaltung die Beweise zu bi⸱
hat. Indirekte Nachweise zählen in diesem Zusammenhang ni⸱
Warum sollte ich an eine physische Wirklichkeit glauben, die⸱
nicht sehen kann?"

„Können Sie etwa elektrischen Strom sehen, Dr. Krat⸱
kontert Professor Allman.

„Äh, nein, eigentlich nicht", antwortet Dr. Krates kleinlau⸱

„Und glauben Sie an die Existenz von elektrischem S⸱
oder nicht, Dr. Krates?"

Dr. Krates setzt sich wieder. „Nun ja, ohne Strom würde⸱
auch ihr Beamer da vorne nicht funktionieren. Aber wenn ⸱
andere Dinge, als unsere Alltagserfahrung geht, nämlich u⸱
Grundstruktur und Prinzipien der Wirklichkeit aus physika⸱
Sicht, dann erwarte ich schon den direkten Nachweis bev⸱
etwas glaubhaft erscheint."

„Dann nehmen wir als Beispiel Atomkerne, Dr. Krates.⸱
kerne sind extrem winzig und haben nichts mit unserer Al⸱
fahrung zu tun. Erscheint Ihnen die Existenz von Atom⸱
glaubhaft?"

*Abbildung 3: Ernest Rutherford zur Zeit
seines Streuversuchs*

Professor lässt in der Animation die Walnuss verschwinden. Man sieht nur noch den Erbsenbeschuss und wie Erbsen an etwas Unsichtbarem abprallen.

„Ohne die Walnuss im Weg scheint die plötzliche Richtungsänderung unerklärlich. Wenn Sie aber von der Hypothese ausgehen, dass sich den Erbsen ein nicht sichtbares Objekt in den Weg stellt, können Sie die Größe und Form desjenigen Objektes bestimmen, an denen diese abprallen. Wie würden Sie das anstellen?"

„Das ist wirklich nicht schwer!", meldet sich die rothaarige Mathematikerin Anaximenes. „Man braucht nur die Erbsen mithilfe eines Schirms aufzufangen. Je nachdem an welcher Stelle die Erbsen auf den Schirm auftreffen, kann man rückrechnen, von welchem Punkt des unsichtbaren Objekts sie abprallten. Und jeder dieser Kriterien bedeutet einen Bildpunkt. Wenn man nur genügend Punkte auf diese Weise ermittelt, kann man ein Bild des walnussartigen Objekts darstellen."

Professor Allman nickt und ergreift wieder das Wort. „Sehen Sie alle, dass der Abprall der Erbsen an etwas Unsichtbarem, ein unerklärliches Phänomen bleiben würde, wenn man nicht von der Hypothese ausgeht, dass sich an der Abprallstelle ein Objekt, in diesem Fall ein Atomkern befindet?"

Allseits zustimmendes Nicken folgt im Saal.

„Und nun Dr. Krates, Rutherford konnte den Atomkern nicht sehen. Würden Sie den Nachweis seiner Existenz als direkten oder als indirekte Nachweis ansehen?"

„Das hab ich wirklich nicht gewusst, dass Ihr Physiker zu solchen Tricks greifen müsst, um etwas über die Welt zu erfahren. Aber Ihre Animation hat mich beeindruckt. Ich werde beim Theoriekriterium Nummer 'fünf' als empirische Entscheidung auch die indirekte Verifikation der Hypothese mit Hilfe von sonst unerklärlichen Phänomenen zulassen."

Professor Allman schaut in die Runde: „Sind wir uns einig, dass die Beschreibung einer Wirklichkeit für uns Wissenschaftler beginnt glaubwürdig zu werden, wenn wenigstens die Kriterien 'eins' bis 'fünf' einer wissenschaftlichen Theorie erfüllt sind? Auch dann, wenn die Verifikation der Hypothese indirekt erfolgt?"

Dr. Dessoir, der Parapsychologe möchte dem noch nicht zustimmen: „Was ist mit meinem Fachgebiet? – Ich stelle häufig die Existenz von unerklärlichen Phänomenen fest. Nehmen wir beispielsweise die Telekinese, die anerkannterweise existiert. Ich beschreibe die Wirklichkeit eines neu aufgetretenen telekinetischen Phänomens, kann aber keine erklärenden Aussagen, also keine Hypothesen über die Wirklichkeit hinzufügen. Ist dann die Beschreibung automatisch unglaubwürdig, weil Kriterium 'zwei' fehlt?"

„Nein!", lacht Professor Allman. „Das Fehlen von Kriterium 'zwei' zeigt nur, dass Sie noch gar keinen Ansatz einer Theorie haben und damit erübrigt sich auch die Antwort darauf, ob die Theorie glaubwürdig ist. Die Beschreibung und Glaubwürdigkeit der Phänomene als solche wird davon nicht berührt. Aber sobald Sie eine Theorie haben, können Sie die sonst unerklärlichen Phänomene als indirekten Nachweis für die Richtigkeit Ihrer Hypothese verwenden, genauso wie beispielsweise Rutherford den Atomkern nachgewiesen hat oder Wegener die Kontinentalverschiebung."

„Danke, Professor Allman! – Kommen eigentlich in der Physik auch unerklärliche Phänomene vor?"

„Ja, in der Quantenmechanik sind die unerklärlichen Phänomene die Regel. Nehmen wir als Beispiel das, was unter dem Namen Welle-Teilchen-Dualismus bekannt ist. Im Rutherford'schen Streuversuch kann man die Phänomene gut erklären, wenn man davon ausgeht, dass die Goldfolie tatsächlich mit Teilchen, das heißt winzigen elastischen Kügelchen beschossen wurde. Wenn man allerdings einen anderen Versuch mit Teilchen macht, bekommt man Zweifel, ob es sich wirklich um Teilchen handelt. Dieser andere Versuch ist das Doppelspalt-Experiment."

Professor Allman projiziert ein Schemabild (Abbildung 4) des Experiments in den Raum.

„Beim Doppelspalt-Experiment werden die Teilchen von einer Quelle Q aus auf ein Hindernis mit zwei eng beieinanderliegenden durchlässigen Spalten geschossen. Im Beispiel sind die Teilchen Elektronen. Aber auch bei anderen Teilchen erhält man die gleichen Ergebnisse. – Wie viel Häufungen in der Verteilung der Elektronen auf der Fotoplatte hinter dem Hindernis würden Sie bei zwei durchlässigen Spalten erwarten, Dr. Maupertius?"

„Ich denke es sind zwei, weil die Elektronen durch zwei Spalten durchfliegen."

„Man erwartet tatsächlich hinter den Spalten zwei klar voneinander abgetrennte Häufungen bei der Verteilung der Elektronen. Dies ist im oberen Teilbild (Abbildung 4) dargestellt. Aber es passiert etwas anderes. Die Verteilung der Elektronen auf der Fotoplatte weist wesentlich mehr als zwei helle Bereiche auf. Stattdessen gibt es zahlreiche helle und dunkle Streifen. Es handelt sich um ein ausgeprägtes Interferenzmuster, das an Wellenberge und -täler erinnert. Wenn man bei hellem Sonnenschein einen Stein in eine Wasserschüssel wirft, dann sehen die Streifenschatten der entstehenden Wellen ganz ähnlich aus, wie die Streifen, die sich auf der Fotoplatte bilden (Abbildung 5). Sehen Sie sich dazu ergänzend die Darstellung im unteren Teilbild von Abbildung 4 an. Die Wellenberge der Zeichnung ganz rechts sollen einen hellen Streifen bedeuten, die Täler einen dunklen."

„Sind keine Fehler in der Versuchsanordnung gemacht worden?", wundert sich Dr. Maupertius.

„Das Experiment wird seit Jahrzehnten in aller Welt immer wieder durchgeführt. Immer mit dem gleichen Ergebnis! – Ich möchte feststellen, dass Objekte wie Elektronen, Atome, Atomkerne usw. sich je nach Versuchsanordnung einmal wie Teilchen, ein andermal wie Wellen verhalten oder auch wie beides gleichzeitig. Wenn wir die Fotoplatte nämlich genau betrachten, sehen wir dass das Interferenz- bzw. Wellenmuster aus vielen kleinen

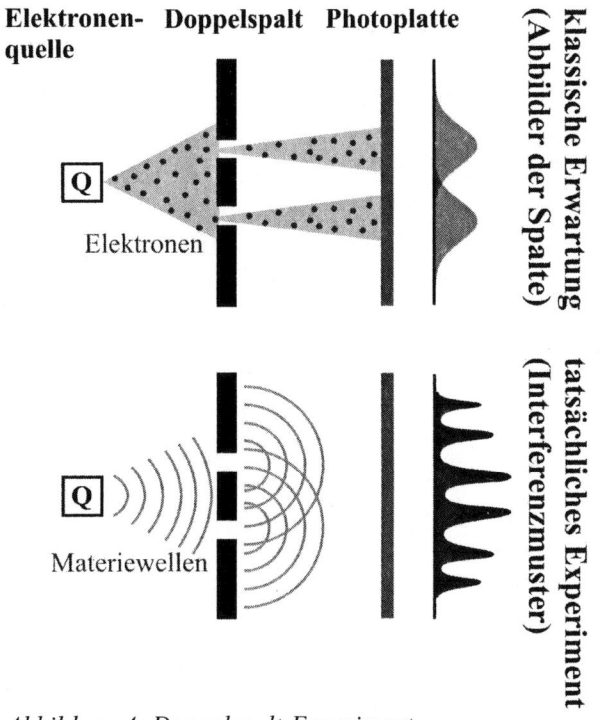

Abbildung 4: Doppelspalt-Experiment

Abbildung 5: Interferenzstreifen auf der Fotoplatte

Pünktchen aufgebaut ist, wie die Druckpunkte bei einem Tintenstrahldrucker. Wir Physiker sprechen von dem Welle-Teilchen-Dualismus."

„Das scheint mir wirklich Unerklärliches zu sein. Aber Sie haben doch bestimmt eine Theorie dafür oder ...?"

„Wenn Sie eine anschauliche und leicht verständliche Theorie erwarten, muss ich Sie im Augenblick enttäuschen. Aber wenn Sie ein geeignetes mathematisches Modell, das zum physikalischen Gebiet der Quantenmechanik gehört, akzeptieren, dann gibt etwas. Die meisten Quantenphysiker halten das Mathematische Modell für eine Theorie. Dieses Modell leistet Hervorragendes bei der Verifizierung der Hypothese d.h. beim Kriterium 'fünf'. Man kann Vorhersagen ableiten und diese empirisch entscheiden, also Kriterium 'sechs' und 'sieben' erfüllen. Noch nie wurde die Hypothese falsifiziert. Immer war alles richtig."

„Professor Allman, können Sie für die Nichtphysiker kurz erklären, was Sie unter Quanten verstehen?" Die Theologin Johanna Balthasar zeigt sich aufgeschlossen für physikalische Fragestellungen.

„Gerne, Frau Balthasar! – Die kleinsten bekannten Einheiten im physikalischen Universum sind Pakete mit einer bestimmten Portion an Energie. Diese Pakete nennen wir Quanten. Beispiele für Quantenobjekte sind das Elektron aus dem Doppelspalt-Experiment vorhin oder das Lichtteilchen Photon. Quanten verhalten sich extrem merkwürdig. Über die Merkwürdigkeiten der Quanten werden wir uns im Laufe dieser Lehrgangsveranstaltung noch ausführlich unterhalten."

Dr. Maupertius runzelt die Stirn. „Ich hörte eine leichte Skepsis als Sie die Quantenmechanik erwähnten, Professor Allman. Was spricht denn gegen ein mathematisches Modell, wenn es so gut funktioniert?"

„Gehen wir zunächst von dem Doppelspalt-Experiment aus. Solange man keine Aussagen über die Wirklichkeit hat, handelt es sich um ein unerklärliches Phänomen. Gibt es eine Hypothese, dient das Ergebnis des Doppelspalt-Experiments zur Verifizierung der Hypothese. Es ist der indirekte Nachweis ihrer Richtigkeit. Kriterium 'fünf' wäre dann erfüllt. – Jetzt nehmen wir mal an, vom Himmel fällt ein geeignetes Mathematisches Modell, aber sonst nichts, was zu einer Theorie benötigt wird. Ist es die Beschreibung einer Wirklichkeit oder ist es die erklärende Aussage über die Wirklichkeit, sprich: Hypothese?"

Dr. Anaximenes, die Mathematikerin fühlt sich angesprochen: „Abgesehen davon, dass mathematische Modelle nicht vom Himmel fallen, denke ich, dass es die Zusammenhänge erklärt. Mithilfe der Formeln kann man außerdem leicht Vorhersagen machen. Es muss das Kriterium 'zwei' der Theorie, d.h. die Hypothese sein!"

„Gut, Dr. Anaximenes! Wer oder was beschreibt die Wirklichkeit (= Kriterium 'eins')?"

„Sie haben doch gesagt, nichts weiter sei vom Himmel gefallen, Professor Allman!"

„So ist es!"

„Wenn man nichts anderes hat, würde ich das mathematische Modell auch zur Beschreibung der Wirklichkeit nehmen!"

„Bevor ich darauf antworte, möchte ich Ihnen das Beispiel mit den Schafen von Dr. Aniane in Erinnerung rufen. Was war dort das Kriterium 'eins'?"

„Wenn auf einer Weide sechs Schafe grasen und sieben kommen hinzu, dann sind anschließend dreizehn Schafe auf der Weide unter der Voraussetzung, dass Schafe und Weide existieren."

„Ja, und das Kriterium 'zwei'?"

„Man kann mithilfe der Arithmetik die Zahl der Tiere addieren und so auf ein Ergebnis kommen."

„Jetzt nehmen Sie für das Kriterium 'eins' die gleiche Aussage wie beim Kriterium 'zwei'. Was fällt unterm Tisch?"

„Himmel, mir fällt es wie Schuppen von den Augen Professor Allman. Wenn das ursprüngliche Kriterium 'eins' wegfällt, dann weiß man nichts mehr von Schafen. Die Hypothese, dass man mit der Arithmetik die Zahl von Tieren addieren kann, ist keine Aussage mehr über eine zugrundeliegende Wirklichkeit. Man hat zwar noch ein mathematisches Modell, die Arithmetik, aber ein Modell sollte immer das Abbild einer Wirklichkeit sein. Ich frage mich deshalb, für welche Wirklichkeit soll die Arithmetik ein Modell sein, wenn es keine beschreibende Aussage mehr über die Wirklichkeit gibt."

„Wie Sie sehen, Frau Dr. Anaximenes wird aus der ursprünglichen Theorie etwas, was ich nicht mehr als Theorie über die Schafe auf der Weide bezeichnen möchte. Es ist allenfalls zu einem mathematischen Vorhersagemodell für die Addition von Tieren geworden."

„Und was bedeutet das nun für die Theorie zum Doppel-Spalt-Experiment?"

„Die Quantenmechanik mit ihrem mathematischen Modell bleibt ein hervorragendes Instrument für die Vorhersage des Ausgangs quantenmechanischer Experimente wie dem Doppelspalt-Experiment. Aber wenn man den Kriteriumskatalog einer wissenschaftlichen Theorie ernst nimmt, dann ist die Quantenmechanik zwar wissenschaftlich, aber keine Theorie. Kriterium 'eins' ist nicht erfüllt. Sie macht keine Aussagen über eine zugrundeliegende Wirklichkeit sondern nur Vorhersagen. In diesem Sinne bleibt der Ausgang des Doppelspalt-Experiments ein unerklärliches Phänomen genauso wie bei fast alle anderen quantenmechanischen Experimenten."

Dr. Maupertius unterbricht: „Sie erwähnten den Begriff Welle-Teilchen-Dualismus, Professor Allman. Anscheinend kennt ihr

Physiker das Wesen der Elektronen und müsstet deshalb doch eine Beschreibung der zugrunde liegenden Wirklichkeit haben."

„Auch wenn die Physiker von einem Welle-Teilchen-Dualismus sprechen, sind die Elektronen, die durch den Doppelspalt geschickt werden, in Wirklichkeit weder Teilchen noch Wellen. Wir wissen einfach nicht, was das Wesen von dem ist, was in den Experimenten einmal die Eigenschaft von Teilchen, ein andermal die von Wellen zeigt. Wir wissen nur, dass es existiert."

„Langsam erkenne ich, dass die Physik der Metaphysik bedarf, um Beschreibungen davon zu bekommen, was die Wirklichkeit als solche ausmacht."

Professor Allman nickt. „Und damit kommen wir zurück zum Thema dieser Lehrgangsveranstaltung. Physik und Metaphysik sind keine Feinde, sondern zwei Eheleute. Die Physik benötigt die Metaphysik, wenn es um die Beschreibung einer Wirklichkeit geht, denn daran hapert es häufig in der Physik. Umgekehrt benötigt die Metaphysik die Physik, wenn sie die Existenz von dem nachweisen will, was das Wesen der Wirklichkeit ausmacht. In dieser Veranstaltung wollen wir versuchen die Ergebnisse aller Einzelwissenschaften in einer Gesamtschau vereint zu betrachten und ein metaphysisches Weltbild zu entwerfen. Das Ziel ist es, eine Theorie über unsere Bestimmung als Mensch aufzustellen. Nicht eine Theorie, die man landläufig als Gegensatz zur Praxis versteht, sondern eine wissenschaftliche Theorie. Selbst, wenn wir am Ende nur die Kriterien 'eins' bis 'fünf' erfüllen sollten und damit nicht vollständig die strengen Kriterien einer wissenschaftlichen Theorie erfüllen, hätten wir als Ergebnis doch wenigstens die glaubwürdige Beschreibung einer Realität, weil diese durchs Kriterium 'fünf' verifiziert wurde."

Der Teilchenphysiker, Professor Geiger meldet sich: „Ich bin praxisorientiert, Professor Allman. Deshalb würde ich gern wissen, wie Sie konkret vorgehen wollen? Werden Sie mit uns in philosophischen Höhen schweben oder haben Sie uns etwas Handfestes zu bieten?"

„Handfestes gibt es genügend, Professor Geiger. Wir nehmen als Grundlage unter anderem die vielen unerklärlichen Phänomene aus der Experimentalphysik, über die Sie sich nur deshalb nicht mehr wundern, weil Sie täglich damit in Berührung kommen. Wir suchen dazu passende metaphysische Erklärungen der Wirklichkeit, bauen aus den Zutaten eine Theorie und benutzen die Phänomene zur Verifikation der Hypothese. Am Ende werden wir die Grundfragen unserer Existenz beantwortet haben."

Professor Allman schaut auf seine Uhr. Es ist kurz nach 12:00 Uhr. „Schon so spät? – Lassen Sie uns hier eine kleine Mittagspause einlegen und uns eine Stärkung gönnen, bevor wir um 14:00 Uhr Einblicke in weitere Themengebiete nehmen."

Was nach der Physik kommt

Gott, Freiheit und Seelenunsterblichkeit
sind diejenigen Aufgaben,
zu deren Auflösung alle Zurüstungen
der Metaphysik, als ihrem letzten und
alleinigen Zwecke, abzielen.

Immanuel Kant, Kritik der Urteilskraft

Montag, der 2. Juni nachmittags

„Als Nächstes werden wir nicht eine Theorie besprechen, sondern erst einmal unerklärliche Phänomene sammeln. Im Rahmen dieser Phänomene werden Fragen kommen. Einige dieser Fragen können wir gleich klären, andere erst später, manche vielleicht gar nicht. Wir werden Ideen entwickeln, was hinter den unerklärlichen Phänomenen stecken könnte. Erst danach versuchen wir alles in einer Theorie zusammenzuführen, um Gewissheit zu bekommen, inwieweit unsere Vorstellungen glaubwürdig sind. – Wenn wir nach der letzten Ebene der Erklärungen suchen, wenn wir dahinter kommen wollen, was die Wirklichkeit des Kosmos als solche ausmacht, wenn wir das erkunden wollen, was nach der Physik kommt, dann müssen wir hinter den Bereich blicken, der zur Erfahrungswissenschaft gehört. Doch wie kann man einen Blick von dem erhaschen, was anscheinend nicht erfahrbar ist? Dazu benötigen wir einen Kunstgriff, den ich mit einem Gleichnis einführen möchte."

Professor Allman startet einen Film. Das Startbild zeigt den griechischen Philosophen Platon. Ein Sprecher im Hintergrund

Abbildung 6: Platon

liest den Originaltext. Während er spricht, werden seine Aussagen durch bewegte Szenen illustriert.

Platon: Das Höhlengleichnis.
Beschreibung der Lage der Gefangenen
(übersetzt von Friedrich Schleiermacher).
Nächstdem, sprach ich, vergleiche dir unsere Natur in bezug auf Bildung und Unbildung folgendem Zustande. Sieh nämlich Menschen wie in einer unterirdischen, höhlenartigen Wohnung, die einen gegen das Licht

geöffneten Zugang längs der ganzen Höhle hat. In dieser seien sie von Kindheit an gefesselt an Hals und Schenkeln, so daß sie auf demselben Fleck bleiben und auch nur nach vorne hin sehen, den Kopf aber herumzudrehen der Fessel wegen nicht vermögend sind. Licht aber haben sie von einem Feuer, welches von oben und von ferne her hinter ihnen brennt. Zwischen dem Feuer und den Gefangenen geht obenher ein Weg, längs diesem sieh eine Mauer aufgeführt wie die Schranken, welche die Gaukler vor den Zuschauern sich erbauen, über welche herüber sie ihre Kunststücke zeigen. – Ich sehe, sagte er. – Sieh nun längs dieser Mauer Menschen allerlei Geräte tragen, die über die Mauer herüberragen, und Bildsäulen und andere steinerne und hölzerne Bilder und von allerlei Arbeit; einige, wie natürlich, reden dabei, andere schweigen. – Ein gar wunderliches Bild, sprach er, stellst du dar und wunderliche Gefangene. – Uns ganz ähnliche, entgegnete ich. Denn zuerst, meinst du wohl, daß dergleichen Menschen von sich selbst und voneinander je etwas anderes gesehen haben als die Schatten, welche das Feuer auf die ihnen gegenüberstehende Wand der Höhle wirft? – Wie sollten sie, sprach er, wenn sie gezwungen sind, zeitlebens den Kopf unbeweglich zu halten! – Und von dem Vorübergetragenen nicht eben dieses? – Was sonst? – Wenn sie nun miteinander reden könnten, glaubst du nicht, daß sie auch pflegen würden, dieses Vorhandene zu benennen, was sie sähen? – Notwendig. – Und wie, wenn ihr Kerker auch einen Widerhall hätte von drüben her, meinst du, wenn einer von den Vorübergehenden spräche, sie würden denken, etwas anderes rede als der eben vorübergehende Schatten? – Nein, beim Zeus, sagte er. – Auf keine Weise also können diese irgend etwas anderes für das Wahre halten als die Schatten jener Kunstwerke? – Ganz unmöglich. -

In dem Augenblick schaltet Professor Allman den Film ab und beginnt mit Fragen: „Wie sehen die Gefangenen ihre Wirklichkeit?"

Dr. Maupertius, der Philosoph, kennt die Antwort: „Die Gefangenen halten ihre Höhle für die ganze Welt. Sie sehen nur die Schatten von Ereignissen der Wirklichkeit oder sie hören das Echo. Ja sie halten diese Schatten und das Echo für die ganze Wirklichkeit. Von der Wirklichkeit außerhalb der Höhle ahnen sie nichts."

„Und wofür ist die Geschichte ein Gleichnis, Dr. Maupertius?"

„Ich denke, es ist das Gleichnis für unsere eigene Situation. Wir halten die Welt, die wir sehen und erfahren, ebenfalls für die Wirklichkeit. Doch diese Welt ist für uns wie die Höhle der Gefangenen. Wir merken nicht, dass vieles, was in unsere begrenzte Welt eindringt, von außen kommende Informationen über die wahre Wirklichkeit sind."

„Was wäre, wenn jemand den Gefangenen Bescheid sagt, nämlich dass sie nur die Schatten der Wirklichkeit sehen und dass viele Schatten nicht aus ihrer eigenen Höhle stammen, sondern von der viel umfassenderen Welt außerhalb."

„Ich denke, die Gefangenen würden es zunächst nicht glauben. Vielleicht würden sie irgendwann einmal anfangen zu denken. Und dann würden Sie versuchen herauszufinden, welches ihre eigenen Schatten sind und welche von außen kommen! Nach und nach würden sie etwas über die Welt außerhalb erfahren, die sich hinter ihnen abspielt. Ich möchte es hervorheben: Die Voraussetzung ist, dass irgendjemand die Gefangenen darauf aufmerksam macht, dass es so eine Welt außerhalb gibt."

„Danke Dr. Maupertius. Sie haben den Kunstgriff hervorgehoben, der notwendig ist, damit wir etwas darüber erfahren, was außerhalb oder hinter unserer eigenen beschränkten Welt liegt! – Wir müssen bereit sein anzuerkennen, dass diese Wirklichkeit hinter allem was wir kennen, existiert. Und wir müssen uns bewusst werden, dass die Signale von außen die Grenze zu uns überwinden. Dann werden wir die beobachteten Phänomene unterscheiden lernen nach solchen, die innerhalb und solchen, die außerhalb unserer Beschränkung stattfinden. Die Information, die über die Grenze zu uns dringt, wird Rückschlüsse auf das große Ganze zulassen."

Professor Geiger, der Teilchenphysiker, hat Blut geleckt: „Sagen Sie, Professor Allman, wo finde ich Ihrer Meinung nach die Grenze?", fragt er aufgeregt.

„Gemach, gemach, Professor Geiger! Zunächst brauchen wir zwei neue Begriffe! Sagen Sie es selbst, Professor Geiger, wie würden Sie als Physiker den zu unserer Erfahrungswissenschaft gehörenden Bereich bezeichnen?"

„Es gibt einen zur Relativitätstheorie gehörenden Begriff 'Raumzeit'. Allerdings müsste man vorher einige erklärende Worte dazu sagen. Ich denke der Begriff 'Raum-Zeit-Universum' wäre im Augenblick besser geeignet! – Vielleicht abgekürzt RZU."

Professor Allman schreibt den neuen Begriff auf Folie, malt ein Oval herum und projiziert das Ergebnis mitten in den Raum. Dann wendet er sich wieder an Professor Geiger: „Wenn Ihnen jetzt ein weiterer Begriff für den gesamten Bereich einfällt, dann könnte ich die Darstellung komplettieren."

„Ich schlage 'Kontinuum' vor."

„Und jetzt fehlt noch ein Begriff für den Bereich des Kontinuums, der nicht zum RZU gehört."

„Da bietet sich 'Vakuum' an. Ich möchte jedoch betonen, dass der Begriff so wie wir ihn definiert haben, sich nicht mit dem physikalischen Begriff des Quantenvakuums deckt, weil die Eigenschaften nicht übereinstimmen."

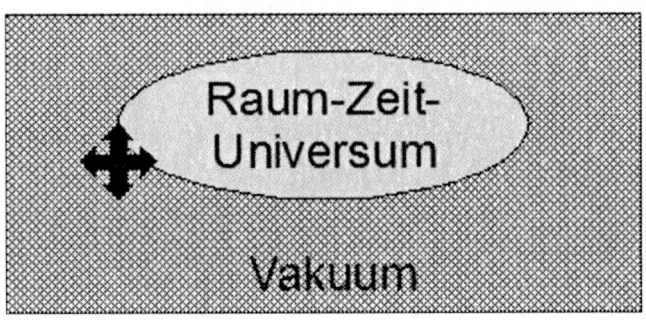

Abbildung 7: Kontinuum, Vakuum und Raum-Zeit-Universum (RZU)

„Welche Eigenschaften wir dem Vakuum zuordnen, werden wir im Laufe des Lehrgangs sehen. Der Begriff gefällt mir dennoch und so will ich ihn gern verwenden, auch wenn wir vielleicht keine vollständige Übereinstimmung mit dem Begriff Quantenvakuum herbeiführen können." Professor Allman komplettiert seine Zeichnung.

Jemand, der sich bisher noch nicht gemeldet hat, der Informatiker Paul Aiken, stellt eine Frage: „Warum ist in Ihrem Diagramm das Raum-Zeit-Universum im Kontinuum eingebettet, Professor Allman?"

„Ich denke, wir sollten das 'Kontinuum' definieren als '**Gesamtheit von allem, was existiert**'. Deshalb ist der zu unserer Erfahrungswissenschaft gehörende Bereich des RZU ein Teil davon."

„Und was bedeutet der schwarze gekreuzte Pfeil?"

„Das RZU ist nicht isoliert. Informationen dringen vom Vakuum in den RZU-Bereich. In umgekehrter Richtung gehen auch Informationen. Der gekreuzte Pfeil soll diesen Informationsfluss symbolisieren."

„Wenn ich Sie recht verstehe, sind wir Menschen im RZU angesiedelt und wir sollen unterscheiden lernen, wie und wo Informationen aus dem Vakuum in das RZU eindringen oder auch herausgehen."

„Genauso stelle ich mir das vor!", freut sich Professor Allman über das Mitdenken von Aiken.

Aiken bleibt skeptisch. „Aber wo findet man diese Grenze konkret?"

Professor Allman erläutert: „Um Ihre Frage zu beantworten, muss ich vorher ein weiteres Doppelspalt-Experiment besprechen. Diesmal erläutere ich Ihnen den Versuch mit einzelnen Lichtteilchen, also Photonen anstelle von Elektronen. Eine Metallplatte mit zwei engen Schlitzen steht den Photonen im Weg. Dahinter ist ein Beobachtungsschirm angebracht. Die Lichtquelle Q ist ein kleiner Laser, ähnlich einem Laserpointer, wie er zur Erläuterung von Präsentationen benutzt wird. Das Licht des Lasers lässt sich regulieren und so stark abschwächen, dass nur noch ein einziges Lichtteilchen pro Sekunde den Laser verlässt. Die Frage, was passiert, wenn man beispielsweise den vollen Laserstrahl auf den Doppelspalt richtet, kann leicht beantwortet werden." Professor Allman projiziert das Schemabild des Versuchs (Abbildung 8) in den Raum. Die mittlere und die untere Grafik bleiben zunächst abgedeckt.

„Sie sehen es im Schemabild oben eingetragen. Die Interferenzstreifen treten auf, so wie wir sie vom Doppelspaltversuch mit den Elektronen kennen. Die Wellenlinie rechts des Beobachtungsschirms soll die Helligkeitsverteilung darstellen. Der Wellenberg bedeutet 'heller Streifen' und das Wellental 'dunkler Streifen'."

Aiken ist neugierig: „Welches Muster entsteht denn, wenn man eine der beiden Spalten zudeckt?"

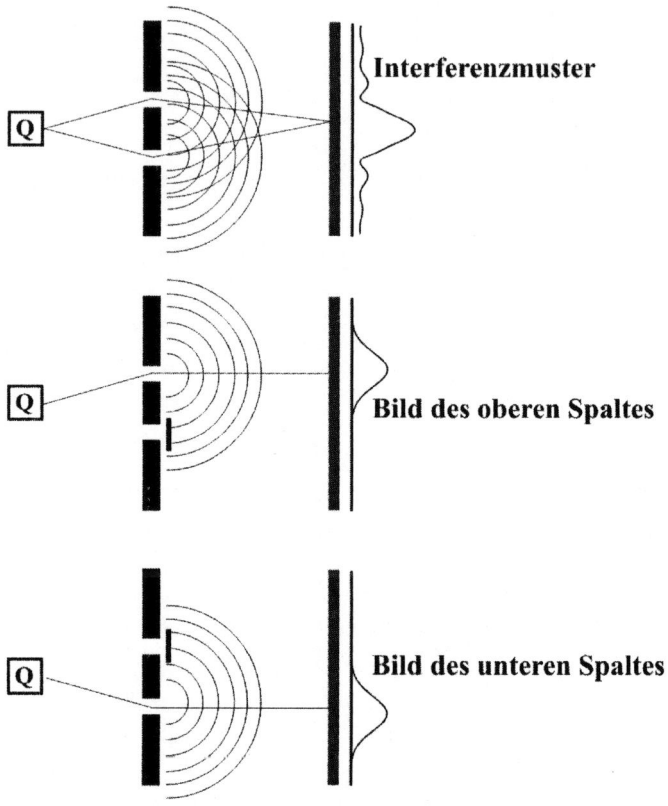

Abbildung 8: Doppelspalt-Experiment in verschiedenen Varianten

„Wenn ich einen Spalt abdecke, verschwinden die Interferenzstreifen. Es gibt nur noch einen einzigen hellen Streifen." Zur Erläuterung zeigt Professor Allman den Rest der Grafik und macht dann weiter in seiner Präsentation.

„Nun kommt die interessante Frage: Was passiert, wenn man den Laser so weit abschwächt, dass pro Sekunde nur noch ein einziges Lichtteilchen die Quelle verlässt? Kommt es dann auch zur Interferenz?" Professor Allman hält inne und schaut fragend in den Lehrgangsraum. Die Teilnehmer müssen einen Augenblick nachdenken.

Der Physiker Professor Geiger lächelt, da er den Versuch kennt. Er möchte aber den anderen Teilnehmern nicht das Raten verderben.

Schließlich meldet sich Dessoir, der Parapsychologe. „Ich denke an dem Versuch ist nichts Geheimnisvolles. Die Interferenz, kann bestimmt nur entstehen, indem sich viele Photonen gegenseitig beeinflussen. Ich stelle mir das so ähnlich vor wie beim Wasser. Ein einzelner winziger Wassertropfen kann keine Welle bilden. Die Wellenbildung kommt meiner Ansicht nach durch eine gegenseitige Beeinflussung benachbarter Wassertröpfchen oder Teilchen zustande. Aber wo wäre ein benachbartes Teilchen zu finden, wenn pro Sekunde nur ein einzelnes Photon vorhanden ist. Schließlich kann ein Photon nicht warten, bis das nächste vorbeikommt."

Dr. Anaximenes, die Mathematikerin, argumentiert scharfsinnig: „Ein weiteres Argument ist, dass ein einzelnes Photon nur durch einen einzigen Spalt hindurchgehen kann. Und was passiert, wenn der Laserstrahl nur durch einen Spalt hindurchgeht, haben Sie uns gerade gezeigt, Professor Allman. Dann verschwindet nämlich die Interferenz."

Paul Aiken hat andere Bedenken: „Ich könnte mir vorstellen, dass einzelne Photonen so schwach leuchten, dass man sie mit bloßem Auge gar nicht sehen kann. Wie kann man denn unter diesen Umständen überhaupt Interferenz nachweisen?"

Professor Allman schmunzelt. „Danke für Ihre engagiert und begründet vorgetragenen Meinungen und Bedenken. – Ich möchte zunächst die letzte Frage von Paul Aiken beantworten: Es ist wie bei einem Fotoapparat. Wenn es zu dunkel ist, muss man genügend lang belichten, um trotzdem ein Foto zu bekommen. Das bedeutet: man braucht nur hinreichend lange zu warten, dann treffen im Laufe der Zeit genügend Photonen auf der Fotoplatte auf. Die Frage, ob die Photonen miteinander interferieren können, ist Gegenstand des Experiments. Aber um Sie nicht auf die Folter zu spannen, habe ich einen Film. Diesen werde ich Ihnen vorspielen."

Gespannt blicken die Anwesenden auf den Film, der greifbar nahe vor ihnen abspielt. Zuerst bekommen sie die reale Versuchsanordnung vorgeführt. Der Auffangschirm für die Photonen ist mit einem Computer gekoppelt. Das zunächst schwarze Computerbild zeigt im Zeitraffer, wie in schneller Folge ein Lichtpunkt nach dem anderen hinzukommt. Plötzlich wird es unruhig im Raum. Jemand sagt: „Wie ist das möglich!" Nach und nach erkennt es jeder: Die Photonen bilden ein Interferenzbild mit den Streifen, wie sie von den vorangegangenen Experimenten her bekannt sind. Professor Allman stoppt den Film und schaut in die Runde, ohne eine Frage zu stellen. Er wartet auf Reaktionen.

„Ist das wirklich wahr, was Sie uns vorgeführt haben, Professor Allman?", fragt der Theologe Dr. Aniane.

Professor Allman sagt nur ein Wort: „Ja!"

Dr. Aniane überlegt weiter: „Wie ist es dann möglich, dass die Photonen miteinander interferieren. Wenn man einen Spalt dicht macht, gibt es kein Interferenzbild, sondern nur einen einzigen hellen Streifen. Und ein Photon kann doch nur durch einen einzigen Spalt hindurch, oder ...?"

„Wir wissen nicht, ob ein einzelnes Photon nur durch einen Spalt hindurchgeht oder durch beide gleichzeitig!", lächelt Professor Allman.

„Kann man das denn nicht herausfinden?"

„Man kann es zumindest versuchen, herauszufinden. Das ist die Aufgabe eines weiteren Experiments!"

Aiken schüttelt den Kopf: „Da ist noch mehr ungeklärt. Selbst wenn das Photon durch beide Spalten gleichzeitig gehen sollte, was ich für unmöglich halte, müsste es vorher herausfinden, ob beide Spalten geöffnet sind. Schnüffelt es etwa in der Gegend herum, um das herauszufinden?"

„Irgendwie 'weiß' das Photon, ob beide Spalten geöffnet sind", antwortet Professor Allman knapp. „Aber dieses Wissen kann es sich nicht innerhalb des Raum-Zeit-Universums angeeignet haben!"

Dr. Maupertius schüttelt verwirrt den Kopf: „Was mich auch stutzig macht, ist Folgendes: Wenn die Photonen jeweils nur durch einen einzigen Spalt hindurchgehen, also eines geht durch den einen Spalt, ein anderes durch den zweiten Spalt und so fort, dann müssten die mit zeitlichem Abstand folgenden Photonen über ihre Vorgänger Bescheid wissen. Insbesondere müssten Sie wissen, dass sie an die dunklen Stellen nicht hin dürfen, sondern nur dahin wo sie im Laufe der Zeit die hellen Streifen formen können. – Das ist sehr rätselhaft!"

„Die Information über den Vorgänger und über die dunklen Stellen, wo das Photon nicht hin darf, hat es nicht innerhalb des RZU erlangt. In einem bahnbrechenden Beweisverfahren, bekannt unter dem Namen 'Bellsche Ungleichungen' hat John S. Bell bereits im Jahr 1969 bewiesen, dass keine Theorie verborgener Verbindungen innerhalb des RZU solchen Phänomenen der Quantenphysik gerecht wird, bei denen zwei Photonen beteiligt sind ", kommentiert Professor Allman. „Deshalb kann die Information nur außerhalb von dem, was wir als Raum und Zeit erfahren, zum Photon gelangt sein. Das einzige Medium, das außerhalb des RZU zur Verfügung steht ist das, was wir Vakuum genannt haben."

„Ist denn überhaupt sicher, dass Licht aus Teilchen besteht?", fragt Dr. Anaximenes.

„Das ist sicher, wie viele andere Experimente seit Jahrzehnten immer wieder zeigen!"

„Dann klären Sie uns auf, Professor Allman, was ist des Rätsels Lösung?" Dr. Anaximenes wird energisch.

Professor Allman antwortet sanft: „Wenn die Theorie eines Informationsaustauschs zwischen zwei Photonen innerhalb des RZU keine Lösung ist, dann liegt die Lösung außerhalb des RZU!"

„Meinen Sie im Vakuum?"

„Ja, aber bevor ich mit Ihnen zusammen eine Theorie aufstelle, die das seltsame Verhalten der Photonen erklärt, möchte ich Ihnen ein weiteres Experiment anbieten, in dem wir versuchen herauszufinden, durch welchen der zwei Spalten die Photonen hindurchgehen."

„Wenn das weiterhilft, dann sage ich: Bühne frei!"

Der Film startet und zeigt zunächst wieder den Versuchsaufbau. In Ergänzung des vorhergehenden Experiments ist jetzt hinter jedem der zwei Spalten ein kleiner Photonendetektor installiert, um herauszufinden welchen Weg die Photonen nehmen. Jeder Detektor ist mit einer Anzeige-LED gekoppelt. Der Versuch läuft: Sobald der Detektor ein Photon registriert, leuchtet die LED kurz auf. Gebannt schauen die Anwesenden, was passiert. Immer leuchtet nur eine der LEDs. Niemals leuchten beide gleichzeitig. Das bedeutet, die Photonen gehen nicht gleichzeitig durch zwei Spalten, sondern jeweils nur durch einen. Im Zeitraffer baut sich wieder ein Ergebnis auf. Nachdem es deutlich zu erkennen ist, hält Professor Allman den Film an. Fassungslos starren die Anwesenden auf das fertige Bild. Die Interferenz ist verschwunden. Es gibt für die zwei Spalten nur noch zwei Photonen-Häufungen (Abbildung 9).

„Das kann doch nicht sein! Wo sind denn die zahlreichen Interferenzstreifen geblieben? Jetzt, nachdem wir wissen, dass jedes Photon nur durch einen der zwei Spalten hindurchgeht, verhält es sich nicht mehr wie vorher." Dr. Anaximenes ist enttäuscht.

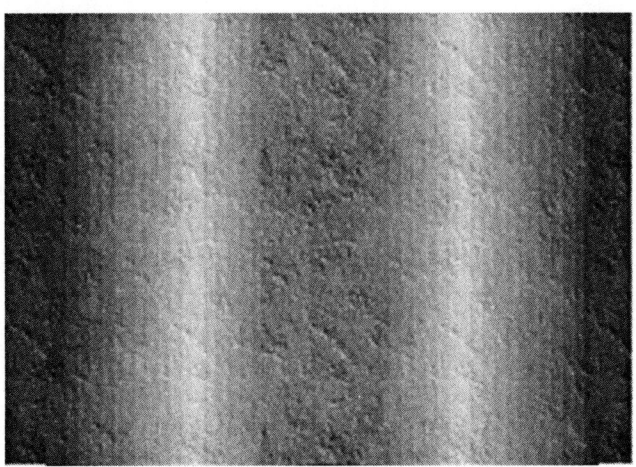

Abbildung 9: Zwei Photonen-Häufungen ohne Interferenz

„Wieso soll das, was das Photon macht, davon abhängen, ob wir wissen, welchen Weg es genommen hat?" Dr. Maupertius schüttelt den Kopf.

„Zunächst möchte ich darauf aufmerksam machen, dass wir bildlich gesprochen die Grenze nach der wir suchten, gefunden haben. Wir versuchten mit einem Photonendetektor etwas herauszufinden, was das Photon nicht preisgeben will. Hier befindet sich eine Übergangsstelle vom Vakuum zum Raum-Zeit-Universum. Photonen sind, wie wir wissen, Quantenobjekte und jede Messung eines Quants bedeutet, dass es sich anschließend nicht mehr so verhält, wie es sich unbeobachtet und ungemessen verhalten hätte. In der Sprache der Quantenphysiker findet mit der Messung das Phänomen der Dekohärenz statt: ein bisher abgeschlossenes Quantensystem tritt mit seiner Umgebung in Wechselwirkung. Niemand weiß, welche Eigenschaften Quantenobjekte vor ihrer Messung haben." Professor Allman legt eine kleine Kunstpause ein, um seine Worte wirken zu lassen. Dann redet er weiter: „Auch wenn die Quanten versuchen, uns keine Informationen über das Vakuum zukommen zu lassen, lässt ihr Verhalten gewisse Rückschlüsse zu. Bevor wir uns Gedanken darüber machen, möchte ich Professor Geiger bitten, zu erläutern, was Physiker noch zu den Phänomenen zu sagen haben." Mit den Worten „Bitte, Professor Geiger!", fordert Professor Allman seinen Kollegen auf.

„Wir Physiker haben eigentlich zahlreiche weitere Experimente auf Lager, um herauszufinden, wie sich Quanten und speziell Photonen verhalten. Wir haben beispielsweise hinter dem Doppelspalt einen Verschluss angebracht, der sich auf und nieder bewegt. Zu einem Zeitpunkt ist dann immer nur ein Spalt offen. Auch in diesem Fall entsteht kein Interferenzmuster. Dasselbe geschieht bei jedem noch so raffinierten Experiment, bei dem wir eine Information darüber bekommen könnten, welchen Weg das Photon benutzt. Es ist noch nicht einmal notwendig die Information über den Weg abzurufen. Entscheidend ist nur, dass die Information im RZU prinzipiell abrufbar wäre. Immer dann, wenn man ein Interferenz-Experiment durchführt, also auf die Möglichkeit Weginformation zu bekommen, verzichtet, verhält sich das Photon wie eine Welle, im anderen Fall wie ein Teilchen. Das ist das, was man unter Welle-Teilchen-Dualismus versteht."

„Können wir daraus Schlüsse ziehen, welche Eigenschaften ein Photon im Vakuum besitzt?", fragt Professor Allman dazwischen.

„Wir können das Verhalten so sehen: Das Photon bekommt beim Interferenzexperiment die Eigenschaft einer Welle, bei anderem Versuchsaufbau bekommt es die Eigenschaft eines Teilchens. Wir müssen davon ausgehen, dass das Photon keine dieser Eigenschaften im Vakuum hatte, bevor es gemessen wurde, **weil sich beide Eigenschaften gegenseitig ausschließen.**" Den letzten Satz hat Professor Geiger besonders betont. „Das bedeutet, der Versuchsaufbau fügt zum Photon bestimmte Eigenschaften oder

Informationen hinzu. Dort, wo das geschieht, befindet sich der Übergang vom Vakuum ins RZU. Das gilt für alle Quantenobjekte."

Mit den Worten „danke, Professor Geiger!" übernimmt Professor Allman wieder die Moderation. „Ich möchte kurz festhalten, was Sie über das Vakuum sagten." Er schreibt auf eine neue Folie die Worte:

Aussagen über das Vakuum:
- Keine Weg-Information
- ...

Dann wendet sich Professor Allman ans Auditorium: „Heißt das, im Vakuum existiert überhaupt keine Information?"

Einen Moment herrscht Stille im Saal. Nach einer Minute fangen die Teilnehmer an zu wispern. Schließlich fragt Professor Allman: „Lassen Sie uns doch bitte alle an Ihren Gesprächen teilhaben!"

Paul Aiken, der Informatiker, antwortet für alle: „Das Photon muss bereits existiert haben, bevor es gemessen wurde. Also ist im Vakuum die Information über seine Existenz vorm Übergang ins RZU vorhanden. Außerdem hatten wir beim Doppelspalt-Experiment festgestellt, dass sich zwei Photonen nicht innerhalb des RZU informieren. Der Informationsaustausch erfolgt außerhalb des RZU, nämlich über das Vakuum."

„Gut!", freut sich Professor Allman, bevor er nachhakt: „Wie nennen wir so ein Medium, wo sich die Information befindet bis sie abgerufen wird?"

„Meinen Sie einen Informations-Speicher?", fragt Aiken.

„Genau den meine ich!"

„Dann wäre das Vakuum ein Informations-Speicher, weil die Information über die Existenz des Photons und die Information, die es für sein nachfolgendes Verhalten benötigt, sich dort befindet?"

„Ich denke schon!", kommentiert Professor Allman und ergänzt seine Folie:

Aussagen über das Vakuum:
- Keine Weg-**Information**
- Informations-Speicher
- ...

Professor Geigers Assistent, Dr. Robert Helmholtz, wird unruhig.

„Ist etwas Dr. Helmholtz?", möchte Professor Allman wissen.

„Ja, ein Weg tritt immer nur im Zusammenhang mit einem Raum auf. Keine Weg-Information bedeutet also keine Raum-Information. Wenn das wiederum bedeutet, dass das Vakuum ein Informations-Speicher außerhalb des Raums ist, dann muss dieser Speicher auch außerhalb der Zeit liegen.

„Nun, wir haben das Vakuum definiert, als das, was außerhalb des erfahrbaren Raum-Zeit-Universums liegt. Also ist das Vakuum schon per Definition außerhalb des Raumes und der Zeit. Die Existenz eines Informations-Speichers der außerhalb von dem liegt, was wir als Raum und Zeit erfahren, wird Ihnen so ungeheuerlich erscheinen, dass ich diese Sichtweise erst experimentell erhärten möchte, bevor wir mit den Elementen einer Theorie des Vakuums fortfahren."

„Und was ist das für ein Experiment?"

„Es handelt sich um das Doppelspalt-Experiment auf kosmischer Ebene! – Gibt es hier im Saal einen Kosmologen?" Professor Allman blickt suchend.

Edward Michelson fühlt sich angesprochen: „Was erwarten Sie von mir, Professor Allman?"

„Könnten Sie erklären, wie die kosmische Variante des Doppelspalt-Experiments mit dem Quasar 0957+516A,B funktioniert?"

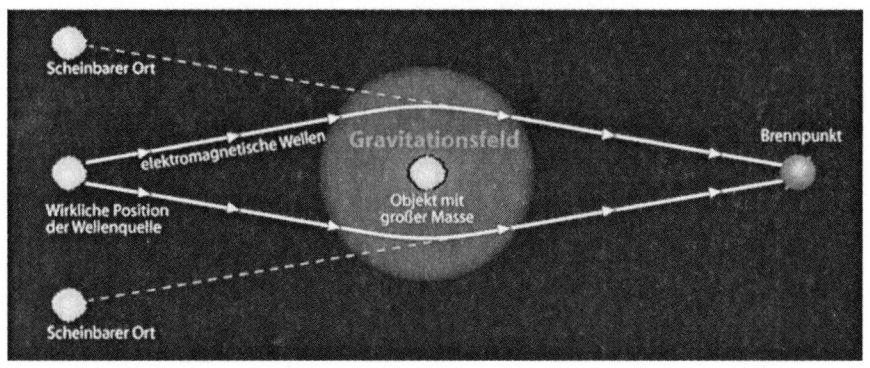

Abbildung 10: Gravitationslinsen-Effekt. An den scheinbaren Orten ist jeweils ein Quasar zu sehen. Das Gravitationsfeld besteht aus einem Galaxie-Haufen. Im Brennpunkt liegt die Erde. Bild: Horst Frank. (GNU-Lizenz s. Anhang)

„In Ordnung! – Quasare sind häufig Milliarden Lichtjahre entfernte kosmische Objekte, die trotz ihrer großen Entfernung von der Erde außerordentlich leuchtkräftig sind. Es kommt vor, dass zwischen dem Quasar und der Erde eine Gravitationslinse liegt. Damit bezeichnet man massereiche astronomische Objekte wie etwa eine Gruppe von Galaxien, die mit ihrer Schwerkraft das Licht dahinter liegender Objekte ablenkt. Der Einstein'schen allgemeinen Relativitätstheorie zufolge krümmt das Vorhandensein von Masse die Raumzeit und somit auch die Bahn von Lichtstrahlen, die sich in einem Gravitationsfeld fortpflanzen. Von der Erde aus gesehen sieht es dann so aus, als würde ein Doppel-Quasar sein Licht senden (scheinbare Orte), obwohl in Wirklichkeit nur ein einziger Quasar existiert."

Professor Allman projiziert das Schemabild einer Gravitationslinse.

Edward Michelson erklärt weiter. „Beim Doppel-Quasar 0957+516A,B sind die Photonen auf dem Weg Eins etwa 50.000 Jahre länger unterwegs, als dem Weg Zwei. Die Frage ist, ob Photonen der beiden Wege miteinander interferieren. Was meinen Sie meine Damen und Herren?"

Dr. Krates, der eine Weile nur mit großen Augen dasaß, brummt: „Wieso sollten die Photonen noch interferieren, wenn sie zeitlich 50.000 Jahre auseinander sind und damit auch entsprechend unterschiedlich lange Wege genommen haben? Schließlich scheinen Photonen sehr sensibel zu sein, wenn sie glauben, sie gehören nicht zusammen!"

Dr. Helmholtz lächelt wissen: „Ich muss Sie enttäuschen, Dr. Krates! Die Photonen des scheinbaren Doppel-Quasars stören sich nicht an dem zeitlichen Unterschied von 50.000 Jahren. **Sie interferieren miteinander.**" Den letzten Satz betont er.

Erstaunen macht sich im Saal breit. Dr. Krates gibt sich nicht zufrieden: „Ist das immer so?"

„Immer, wenn die Photonen aus derselben Lichtquelle stammen. Wenn allerdings der Doppel-Quasar echt ist, also das Licht aus zwei verschiedenen Lichtquellen stammt, dann gibt es keine Interferenz."

„Wie können denn Photonen nach Milliarden Jahren, die sie auf verschiedenen Wegen unterwegs sind, wissen, dass sie aus derselben Quelle stammen?"

Professor Allman greift in die Diskussion ein: „Das wissen die Photonen nicht über irgend eine Verbindung innerhalb des Raum-Zeit-Universums, denn so eine Verbindung gibt es nicht. Für diese Aussage gilt wieder der bereits erwähnte Beweis von John S. Bell, mit seinem Beweisverfahren der 'Bellschen Ungleichungen'. – Die notwendige Information können die Photonen nur **außerhalb von dem erhalten haben, was wir als Raum und Zeit erfahren.** Die kosmische Variante des Doppelspalt-Experiments ist damit ein weiteres Argument für die Eigenschaft des Vakuums: Es ist ein Informations-Speicher außerhalb des erfahrbaren Raum-Zeit-Universums."

Überwältigendes Schweigen macht sich im Saal breit.

Schließlich sagt der Theologe Dr. Benedikt von Aniane etwas. „Ich werde das Gefühl nicht los, dass das Vakuum theologische Bedeutung besitzt. Aber noch kann ich mich nicht daran gewöhnen, dass die Physik etwas Existierendes außerhalb dessen, was wir als Raum und Zeit erfahren, gefunden hat. Es würde mir helfen, Professor Allman, wenn Sie ein weiteres beeindruckendes Argument hätten für so ein Vakuum!"

„Gut, dann will ich schwereres Geschütz auffahren. Es geht um das, was Albert Einstein als 'spukhafte Fernwirkung' bezeichnete. Diese 'spukhafte Fernwirkung' ist die physikalische Wirkung, die Professor Anton Zeilinger aus Wien befähigte, einen Science-Fiction-Traum zumindest in Grundzügen zu realisieren. Er führte 1997 als erster eine Quanten-Teleportation mit Photonen durch. Science-Fiction-Fans bezeichnen so eine Teleportation auch als Beamen. – Ich werde Ihnen nun Schritt für Schritt und ohne komplizierte Mathematik ein Experiment zur spukhaften

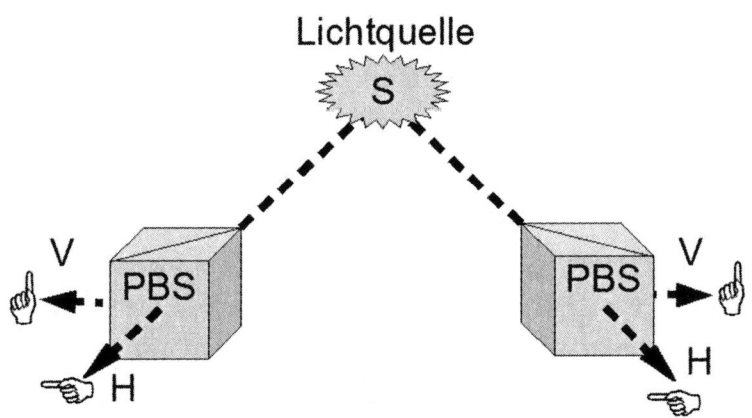

Abbildung 11: Zwei-Photonen-Experiment zur 'spukhaften Fernwirkung'; die Lichtquelle S erzeugt Photonenpaare mit der Eigenschaft, dass ihre Polarisierung immer rechtwinklig ist; PBS=polarisierender Strahlenteiler

Fernwirkung erläutern." Professor Allman projiziert eine neue Grafik in den Raum (Abbildung 11).

Dann bittet er seinen Kollegen Professor Geiger, kurz den Begriff der Polarisation zu erläutern. Dieser erklärt sich gern bereit.

„Bei dem Experiment wird eine weitere Eigenschaft des Lichts, die Polarisation, verwendet. Das ist eine aus dem Alltag bekannte Eigenschaft. Sonnenbrillen besitzen häufig einen Polarisationsfilter, um beispielsweise Sonnenlichtreflexionen vom Meer zu unterdrücken. Entsprechendes gilt für Fotografen. Sie verwenden Polarisationsfilter, um gewisse Spiegelungen auszublenden. Nicht nur Lichtstrahlen, sondern auch einzelne Lichtteilchen tragen Polarisation. Wenn wir uns Licht als eine Welle vorstellen, ist die Polarisation die Schwingungsrichtung dieser Welle. Diese kann in senkrechte, waagrechte oder eine beliebige andere Richtung weisen. Die Richtung ist jedoch immer rechtwinklig zur Richtung des Lichtstrahls. Man spricht von senkrechter oder waagrechter Polarisation oder bezeichnet die Polarisationsrichtung mit einem Winkel. Um die Polarisationsrichtung praktisch zu bestimmen, wird der Polarisationsfilter solange gedreht, bis das herauskommende Licht genauso stark ist, wie das einfallende."

„Danke, Professor Geiger!" Professor Allman übernimmt die weitere Erläuterung. „Wir kommen zum Versuchsaufbau. Da gibt es zunächst eine Lichtquelle S, die Photonen paarweise aussendet. Die Photonen zeigen die Eigenschaft, dass ihre Polarisierung immer rechtwinklig ist: Ist beispielsweise das eine Photon um +45 Grad zur Waagrechten polarisiert, dann ist das andere um -45 Grad polarisiert usw. Aus +45 und -45 Grad ergibt sich der rechte Winkel. Eine so enge Verbindung von Quanten wie hier die Polarisation von Photonenpaaren heißt **Verschränkung**. In der Praxis erzeugt man die Verschränkung mit Hilfe bestimmter Atome und einer komplexen Apparatur. Uns braucht die Apparatur jedoch nicht weiter zu beschäftigen. – Außerdem benötigen wir für das

Experiment zwei polarisierende Strahlenteiler (PBS). Ein PBS sieht aus wie ein Würfel aus Glas. Der Würfel besteht aus zwei zusammengeklebten Keilen, jeder aus anderem Kristallmaterial. Die Polarisation des Lichts pflanzt sich je nach Kristallmaterial verschieden schnell fort. Dadurch wird ein ankommender Lichtstrahl aufgeteilt in zwei Strahlen die rechtwinklig zueinander polarisiert sind. Einzelne Photonen sind allerdings nicht mehr teilbar, auch nicht durch einen PBS-Strahlenteiler. Deshalb müssen sie sich entscheiden, auf welchem Weg sie den PBS durchlaufen, d.h. ob sie senkrecht V oder waagrecht polarisiert H herauskommen."

Professor Allman deckt die rechte Hälfte der Grafik ab. Nur noch die Lichtquelle S und der linke Bereich mit dem PBS-Strahlenteiler sind sichtbar. „Natürlich haben Physiker schon früher viele Versuche angestellt, um herauszufinden wie sich einzelne Photonen an einem polarisierenden Strahlteiler verhalten. Das Ergebnis lautet: Man kann absolut nicht voraussehen, ob das Photon horizontal oder vertikal polarisiert aus dem PBS herauskommt. Wo das Photon auftaucht, ob bei V oder H, ergibt sich rein zufällig. Wegen der Wichtigkeit möchte ich es wiederholen: es ist reiner Zufall, ob ein Photon senkrecht oder waagrecht polarisiert aus dem polarisierenden Strahlteiler herauskommt. Das gleiche gilt natürlich für den rechten polarisierenden Strahlteiler PBS. Nun kommt das völlig Unerklärliche, das ich durch ein Beispiel vorab verdeutlichen möchte."

Professor Allman projiziert eine Animation. In einem Würfelbecher liegen zwei Würfel. Der Becher wird geschüttelt und ausgeschüttet. Die Würfel rollen auf den Tisch. Sie bleiben liegen und man erkennt die Augenzahl. Der eine Würfel zeigt zwei, der andere fünf Augen. Das ergibt zusammen sieben Augen. Wieder wird gewürfelt. Der eine Würfel zeigt drei, der andere vier Augen, also wieder sieben Augen. Erneut wird gewürfelt. Zusammen wie-

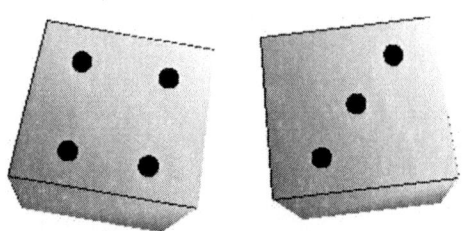

Abbildung 12: Verschränkte Würfel zeigen nach dem Wurf zusammen immer sieben Augen.

der sieben Augen. Das wiederholt sich viele Male. Immer zeigen die Würfel zusammen sieben Augen.

„Was würden Sie zu so einem Würfelergebnis sagen, verehrte Kollegen?", fragt Professor Allman.

„Ich denke das kann nicht sein! Das ist völlig unwahrscheinlich!", kommentiert Dr. Anaximenes, die sich in Wahrscheinlichkeitstheorie auskennt. Die anderen Teilnehmer nicken zustimmend.

„Dann schauen sie sich jetzt im Film den realen Versuch mit der 'spukhaften Fernwirkung' an!" Professor Allman startet die Projektion.

Die Kamera schwenkt über den realen Versuchsaufbau. Ein Sprecher fängt an zu kommentieren. Dann teilt ein schwarzer Strich das Filmbild in zwei Hälften. Links sieht man den linken PBS, an jedem Ausgang H und V ein Photonennachweisgerät, das aufblinkt wenn ein Photon ankommt. Im rechten Filmbild das Gleiche nur mit dem anderen PBS. Anschließend startet der Versuch. Die Lichtquelle sendet jede Sekunde ein verschränktes Photonenpaar aus. Eines der Photonen durchläuft den linken Weg, das andere den rechten. Links leuchtet H auf, rechts V. – Links leuchtet V auf, rechts H. Ob links V oder H aufleuchtet, bleibt zufällig. Aber immer zeigt das rechte Photon die zum linken komplementäre Polarisation. Immer wenn links H aufleuchtet, dann leuchtet rechts V auf und wenn links V aufleuchtet, dann leuchtet rechts H auf. Nach ein paar Minuten stoppt Professor Allman den Film.

„Was sagen Sie dazu, verehrte Kollegen?"

„Die beiden PBS werden so nah beieinander sein, dass sich die Photonen gegenseitig informieren können!", glaubt Dr. Krates, der Assistent des Philosophen Dr. Maupertius.

„Das haben die Physiker zunächst auch geglaubt", antwortet Professor Allman. „Deshalb wurde in den Experimenten der Abstand zwischen dem linken PBS und dem rechten immer mehr vergrößert. Ich kenne ein Experiment, das mit einem Abstand von 41 km durchgeführt wurde und trotzdem gibt es das gleiche Ergebnis. Der Physiker Aspekt konnte mit einer zusätzlichen raffinierten Apparatur nachweisen, dass die Photonen die Information über ihre Weg-Entscheidung, schneller als das Licht weiterverbreiten müssten. Das ist aber unmöglich."

Der Theologe Dr. Aniane lehnt sich lächelnd zurück: „Ich wusste es schon immer! Es gibt einfach keinen Zufall, alles ist vorherbestimmt oder mit einem Fachbegriff: Alles ist determiniert!"

Professor Allman schüttelt den Kopf: „John Bell konnte in einem aufwendigen Verfahren beweisen, dass dem so nicht ist. Mit Determinismus lässt sich das Phänomen nicht erklären!"

Der Kopf von Dr. Anaximes arbeitet ebenfalls auf Hochtouren, um die Lösung zu finden: „Es muss irgendwelche verborgenen Eigenschaften des Photons geben! Kann es nicht sein, dass die Lichtquelle dem Photonenpaar eine Eigenschaft mitgibt, die sie veranlasst den Ausgang aus dem PBS mit der jeweils anderen Polarisation zu wählen?"

„Das haben zahlreiche Quanten-Physiker auch jahrelang geglaubt und entsprechende Theorien entwickelt. Dann kam der wiederholt erwähnte John S. Bell und stellte seine 'Bellschen Ungleichungen' auf. Bell bewies: Wenn wir davon ausgehen, dass kein Objekt in der Realität auf ein anderes schneller als mit Lichtgeschwindigkeit wirken kann (Begriff: Lokalität) und wenn wir Vorherbestimmung (= Determinismus) beibehalten, dann kann wirklich keine Theorie, die den Namen verdient, die Ergebnisse des Zwei-Photonen-Experiments erklären."

Dr. Anaximenes ist außer sich. Ihre Augen funkeln: „Wie kann es dann sein, dass zwei zufällige Vorgänge, die über große Entfernung getrennt sind, ein komplementäres Ergebnis liefern? – Als Zufall würde ich das nicht bezeichnen."

„Bitte beruhigen Sie sich Dr. Anaximenes!" Professor Allman redet besänftigend auf sie ein. „Im erfahrbaren Raum-Zeit-Universum bleibt die 'spukhafte Fernwirkung' des Zwei-Photonen-Experiments zwar ein unerklärliches Phänomen, aber irgendwie weiß zumindest eines der Photonen des Experiments, ob und wann sein Partner gemessen wird und welches Ergebnis erzielt wurde. Bedenken Sie, wir sind wie die Gefangenen in Platons Höhlengleichnis mit einem Unterschied: jemand hat uns gesagt, dass es eine Wirklichkeit außerhalb unserer beschränkten Welt gibt. Deshalb finden wir eine Lösung. – Bewiesen wurde, dass die Photonen die Information über das Verhalten ihrer Partner nicht innerhalb dessen erfahren haben können, was wir derzeit unter Raum und Zeit verstehen. Also müssen sie an die Information außerhalb des erfahrbaren Raum-Zeit-Universums gekommen sein. Außerhalb steht laut Definition als Einziges das Vakuum zur Verfügung. **Deshalb ist das Zwei-Photonen-Experiment bzw. die 'spukhafte Fernwirkung' ein Beweis für die Existenz des Vakuums.**"

Professor Allman verstummt. Das Auditorium verharrt in andächtiger Stille. Der Informatiker Paul Aiken, der einen modernen Sprachschatz pflegt, spricht allen aus der Seele, als er nur ein Wort sagt: „Wow!"

Eine physikalische Theorie vom Jenseits

Jenseits dieser Welt und dieses Lebens
tastet und sucht man nicht mehr.
Es gibt dort nur ein Schauen,
und alles Geschaute ist Wahrheit.

Joseph Joubert, Gedanken, Versuche und Maximen

Dienstag, der 3. Juni

Professor Allman möchte nach dem forschen Voranschreiten am Vortag den Lehrgangsteilnehmern eine Atempause gönnen: „Ich denke wir sollten das bisher erreichte in einem ersten und sicher noch unvollständigen Entwurf einer Theorie einbringen. Dann haben wir schon mal eine Arbeitsunterlage, die wir verbessern oder erweitern können. Was meinen Sie?"

Professor Geiger antwortet: „Ich bin mit Ihnen einer Meinung. Wir sollten den bisherigen Stand erst einmal schriftlich festhalten!"

Von den übrigen Teilnehmern hört Professor Allman ebenfalls Zustimmung.

„Gut, dann machen wir es so! – Wer von Ihnen möchte versuchen, das Kriterium 'eins' der Theorie zu formulieren? – Wenn Sie als Philosoph beginnen, Dr. Maupertius?"

Dr. Maupertius nickt. Er liest seine Notizen, die er sich bisher gemacht hat und formuliert dann vorsichtig. Professor Allman schreibt auf seiner Computertastatur mit. Der Text wird für jeden sichtbar in den Raum projiziert.

Vakuums-Theorie:

Kriterium 1:

Der für die Erfahrungswissenschaft zugängliche Teil des Universums, den wir als Raum-Zeit-Universum (RZU) bezeichnen wollen, ist nicht alles was existiert. Die Wirklichkeit, die außerhalb des RZU liegt, soll Vakuum heißen. Dieses Vakuum ist verschieden vom RZU.

Zwischen dem Vakuum und dem RZU findet regelmäßiger Informationsaustausch statt. Phänomene innerhalb des RZU, die aufgrund des Informationsaustausch mit dem Vakuum zustande kommen, lassen Rückschlüsse auf die Eigenschaften des Vakuums zu. Empirische Entscheidungen über seine Eigenschaften erfolgen indirekt wegen der Definition des Vakuums, denn alle Erfahrungswissenschaft gehört zum RZU.

Die Beweisführung ähnelt der von Wegener bei seiner Kontinentaldrifttheorie. Zu den Eigenschaften gehört, dass weder Zeit noch riesige Entfernungen eine Rolle spielen. Die Reaktionen des Vakuums erfolgen unmittelbar und scheinbar unabhängig von dem, was wir als Raum und Zeit erfahren."

„Danke, Dr. Maupertius, ein Physiker hätte es bestimmt nicht besser hinbekommen. Beim Kriterium 'zwei' hätte ich jetzt allerdings gern Professor Geiger gehört."

Professor Geiger formuliert.

Kriterium 2:

Hypothese 1: Das Vakuum so wie wir es definiert haben, existiert.

Hypothese 2: Es gibt im RZU Phänomene, die eine Unterscheidung zulassen, ob sie aufgrund eines Informationsaustauschs mit dem Vakuum zustande kommen oder vollständig innerhalb des RZU erklärt werden können.

Hypothese 3: Eine der Eigenschaften des Vakuum ist die eines Informationsspeichers außerhalb von dem, was wir als Raum und Zeit erfahren. Dieser Speicher kann zumindest von Quantenobjekten angezapft werden.

„Auch bei Ihnen darf ich mich herzlich bedanken, Professor Geiger. – Was meinen Sie Dr. Aniane. Sind die Hypothesen unnötig kompliziert oder ist Ockhams Rasiermesser genüge getan, indem wir die einfachst möglichen Hypothesen gefunden haben?"

„Ich denke, einfacher geht es nicht. Alle anderen Hypothesen, insbesondere solche die von einer Theorie innerhalb des Raum-Zeit-Universums ausgehen, sind wohl wegen der Bellschen Ungleichungen nicht verifizierbar. Als Theologe könnte ich die Hypothese eines Schöpfers einführen, der immer da sitzt und ständig damit beschäftigt ist, mit Hilfe seiner Allmacht die unerklärlichen Phänomene der Quantenphysik zu erzeugen. Doch glaube ich, so eine Hypothese würde nur neue Fragen aufwerfen und nichts wirklich erklären. Sie wäre also die komplexeste Antwort, die man sich denken kann und könnte Ockhams Forderung nach Einfachheit nicht erfüllen. Deshalb bin ich auch als Theologe der Meinung: Kriterium 'drei' ist erfüllt!"

Professor Allman notiert:

Kriterium 3:
Die Hypothesen sind die einfachst möglichen. (Mündliche Begründung durch Dr. Aniane).

„Übrigens waren in der Wissenschaft bisher diejenigen Theorien von Erfolg gekrönt, die einfache Erklärungen fanden für sonst unerklärliche Phänomene. Wir sind deshalb auf dem richtigen Weg! – Machen wir weiter: Wie sieht es mit Kriterium 'vier' aus. Sind die Hypothesen prinzipiell überprüfbar, das heißt gegebenenfalls auch falsifizierbar?"

Dr. Helmholtz lacht: „Ich hab das Gefühl, Sie stellen eine rhetorische Frage, Professor Allman, weil wir eigentlich schon empirische Entscheidungen getroffen haben. Der Form halber möchte ich dennoch ernsthaft antworten. Hypothese Eins, Zwei und Drei lassen sich falsifizieren, indem alle bekannten Phänomene innerhalb des Raum-Zeit-Universums erklärt werden."

Professor Allman notiert:

Kriterium 4:
Falsifizierung möglich, wenn die bekannten unerklärlichen Phänomene innerhalb des Raum-Zeit-Universums erklärt werden. Das bedeutet, die Hypothesen sind prinzipiell überprüfbar.

„Was können Sie zum Kriterium 'fünf' beitragen?"
Der Kosmologe Michelson fühlt sich berufen, die Antwort zu geben.

Kriterium 5:
Die Hypothese 1 wird durch das Zwei-Photonen-Experiment ('spukhafte Fernwirkung') indirekt verifiziert. Ohne die Existenz des Vakuums, das als Informationsspeicher dient und das die Quantenobjekte informiert, bleibt es ein unerklärliches Phänomen, wie es sein kann, dass zwei zufällige Vorgänge, die über große Entfernungen getrennt sind, immer das komplementäre Ergebnis liefern. Alle sonstigen Erklärungen, die im Rahmen des erfahrbaren Raum-Zeit-Universums bleiben, können nicht verifiziert werden.

Hypothese 2: Bevor ein Quantenobjekt gemessen wird, ist es offensichtlich kein Objekt des erfahrbaren Raum-Zeit-Universums. Schon der Versuch ein Quantenobjekt zu messen, lässt es sein Verhalten ändern. Dies zeigen die Doppelspalt-Experimente, die empfindlich auf den Versuch reagieren, eine Weg-Information zu bekommen. In diesem Fall verschwindet die Interferenz. Deshalb ist die Messung oder die Stelle, an dem der Messversuch stattfindet, eine Grenze zwischen dem Raum-Zeit-Universum und dem Vakuum. Damit ist die Hypothese verifiziert.

Hypothese 3: Ohne ein Vakuum, das als Informationsspeicher dient, bleibt es ein unerklärliches Phänomen, woher die notwendigen Informationen kommen, die das Verhalten der Photonen erklären. Deshalb ist die Hypothese indirekt verifiziert.

„Ausgezeichnet!", freut sich Professor Allman. Dann macht er ein feierliches Gesicht. „Meine Damen, meine Herren, verehrte Kollegen! Wir sind jetzt an dem Punkt angelangt, der im Rahmen einer Theorie glaubwürdig bestätigt, was viele von Ihnen bereits fühlten: Es gibt ein Jenseits. Wir Physiker nennen dieses Jenseits Vakuum. Noch etwas: Auch wenn wir nichts anderes getan haben, als die bisher unerklärlichen Phänomene im Rahmen einer neuen Theorie prinzipiell erklärbar zu machen, ist es uns damit gelungen das Jenseits für empirische Untersuchungen zugänglich zu machen. – Doch lassen Sie uns nicht auf den Lorbeeren ausruhen. Um die Theorie zu vervollständigen, benötigen wir Antworten auf Kriterium 'sechs' und 'sieben'. Wer möchte etwas dazu beitragen?"

Der Parapsychologe Dr. Dessoir meldet sich: „Ich hätte da eine Frage, Professor Allman. In meinem Fachbereich gibt es mehr unerklärliche Phänomene als Erklärungen. Einiges ist sehr gut dokumentiert. Ich habe das Gefühl, diese Phänomene lassen sich irgend wann einmal mit der Vakuums-Theorie erklären."

„Das freut mich, Dr. Dessoir. Können Sie ein besonders beeindruckendes Phänomen so formulieren, dass es zum Kriterium 'sechs' passt. Das heißt Sie müssten auf ihr Thema bezogene Vorhersagen aus der Vakuums-Theorie ableiten!"

„Gut, ich will es versuchen!"

Professor Allman notiert Dessoirs Vorhersage im Computer.

Kriterium 6:
Man wird zukünftig beweisen können, dass es ein transpersonales Bewusstsein gibt, dessen Ursprung im Vakuum liegt.
Die Voraussage beruht auf einer Reihe kontrollierter Experimente auf dem Gebiet der Gedanken- und Bildübertragung, die schon in den frühen 70er Jahren des 20.Jahrhunderts von den beiden Physikern Russel Targ und Harold Puthoff durchgeführt wurden.

Dessoir unterbricht: „Professor Allman, ich hab eine Film-DVD mit dem damaligen Experiment mitgebracht! – Hier ist sie!" Er hebt die DVD zum Zeigen hoch. Dann steht er auf und bringt sie nach vorne.

„Das ist ausgezeichnet!" freut sich Professor Allman und nimmt die DVD in Empfang. Er legt sie ins passende Computer-Laufwerk ein und gleich darauf können alle Teilnehmer das Experiment in der Projektion verfolgen.

In den ersten Szenen werden die beiden Physiker vorgestellt und die Personen, mit denen das Experiment durchgeführt werden soll. Dann wechselt die Szene. Die als „Empfänger" bestimmte Person sitzt nun in einer schall- und blickdichten Kammer, die von den Physikern elektrisch abgeschirmt wurde. Um seine Gehirnwellen aufzuzeichnen, bekommt der Empfänger eine Haube mit Elektroden aufgesetzt. Die ableitenden Kabel führen zu einem Elektro-Enzephalogramm (EEG), das die Muster der Gehirnwellen auf einem Papierstreifen festhält. Die als „Sender" bezeichnete Person wird in einen anderen Raum geführt. Dort erhält sie ebenfalls eine Haube mit Elektroden aufgesetzt, um ihr EEG aufzuzeichnen. Anschließend wird der Sender in regelmäßigen Abständen hellen Lichtblitzen ausgesetzt. Jedesmal, wenn es blitzt, zeichnet das EEG die speziellen rhytmischen Gehirnwellen auf, die gewöhnlich auf die Einwirkung heller Lichtblitze zurückzuführen sind. Die anschließende Auswertung der EEG-Muster von Sender und Empfänger offenbart eine Überraschung. Nach kurzer Zeit zeigt das EEG des Empfängers die gleichen Muster wie die des Senders, obwohl er nicht den Blitzen ausgesetzt war und auch sonst keine direkten Signale vom Sender empfangen konnte. Der Sprecher beendet den Film mit den Worten: „Wie ist die transpersonale Übertragung von Gehirnwellen zu erklären?"

Dr. Dessoir ist gespannt: „Was meinen Sie, Professor Allman, werden wir jetzt schon über die Vorhersage, Kriterium Sechs, eine empirische Entscheidung treffen können und das Kriterium 'sieben' damit abhaken?"

„Nun, ich denke wir brauchen vorher Aussagen darüber, was das Vakuum mit Bewusstsein zu tun hat. Das ist auf jeden Fall ein Thema dieser Lehrgangsveranstaltung, aber vorher werden wir noch andere Fragen besprechen. Deshalb muss das Abhaken vom Kriterium 'sieben' erst einmal offen bleiben."

„In Ordnung! Dann bin ich gespannt auf den Zusammenhang von Vakuum und Bewusstsein."

Außerhalb von Raum und Zeit

Nach meiner Auffassung
ist der Kosmos in uns,
wie umgekehrt wir im Kosmos sind.
Wir gehören zum Universum ebenso,
wie er ein Teil von uns ist.

Yehudi Menuhin, Kunst als Hoffnung für die Menschheit

Dienstag, 3. Juni nachmittags

Paul Aiken blickt Professor Allman kritisch an. „Einerseits scheint mir die Theorie vom Vakuum glaubwürdig zu sein. Andererseits hört sich Ihre Formulierung 'außerhalb von dem, was wir als Raum und Zeit erfahren' schwammig an. Darüber hinaus weiß ich, dass Physik und Mathematik eng miteinander verbunden sind. Viele Voraussagen physikalischer Theorien erfolgen aufgrund von mathematischen Modellen. Wie sieht es eigentlich mit einem mathematischen Modell aus, das die schwammige Formulierung 'außerhalb von Raum und Zeit' präzisiert?"

„Und ich kann mir wirklich gar nichts darunter vorstellen", kritisiert die Theologin Johanna Balthasar. „Was das Jenseits bedeutet, das ist mir bekannt, aber Ihre physikalischen Formulierungen passen nicht!"

Professor Allman fühlt sich durch die Kritik keineswegs persönlich angegriffen: „Danke, dass Sie Ihre Bedenken ausgesprochen haben! – Es ist richtig: Die von mir gebrauchte Formulierung ist wirklich schwammig. Ich wollte erst einmal ein Grundverständnis für das Vakuum wecken. Nach dem ersten Entwurf für die Theorie ist es an der Zeit Präzisierungen, Verbesserungen und Erweiterungen vorzunehmen. Da kommt es mir gerade recht, dass Sie eine Schwachstelle angesprochen haben." Er wendet sich suchend an das übrige Auditorium: „Hat jemand eine Idee, wie man einerseits präziser werden und andererseits die Formulierung 'außerhalb von Raum und Zeit' veranschaulichen kann?" Sein Blick bleibt an der rothaarigen Mathematikerin hängen.

Dr. Anaximenes zögert: „Ich hätte da schon eine Idee, aber dazu müsste ich erst eine Zeichnung anfertigen, bevor ich meine Idee erläutern kann!"

„Warum so zaghaft? – Kommen Sie vor zum Folienprojektor und zeichnen Sie einfach los!"

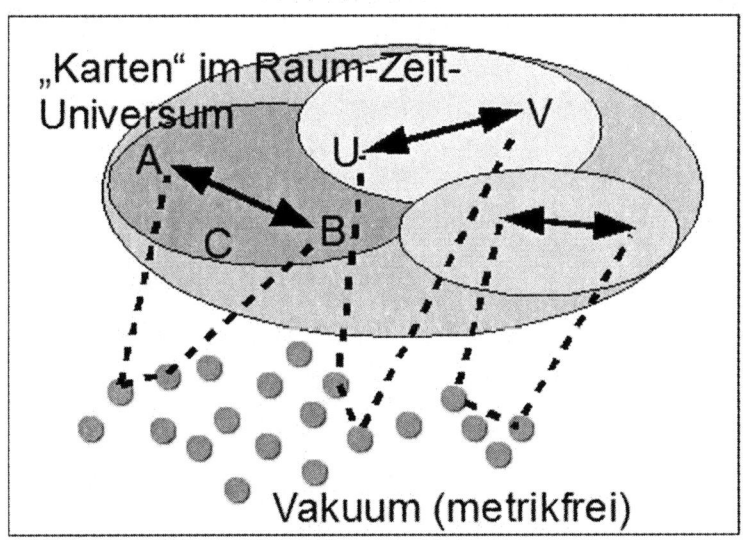

Abbildung 13: Mathematisches Modell für das Kontinuum (=Kontinuumsmodell)

Dr. Anaximenes lässt sich kein zweites Mal bitten. Sie kommt nach vorne und beginnt auf Folie eine Ellipse innerhalb eines großen Rechtecks zu zeichnen. Das sieht ähnlich aus, wie Professor Allmans Diagramm vom Kontinuum. Während sie zeichnet, murmelt sie unverständliche Worte. Trotzdem schauen alle gebannt und versuchen ein erstes Verständnis davon zu gewinnen, was das Diagramm bedeuten könnte. Schließlich ist ihr Werk fertig (Abbildung 13).

Dr. Anaximenes fängt an zu erklären. „Was ich soeben gezeichnet habe, soll einen topologischen Raum darstellen. So ein Raum ist eine Menge, deren Elemente geometrisch als Punkte aufgefasst werden können und für die ein paar einfache Regeln gelten, die ich hier nicht weiter besprechen möchte. – Manche lokalen Teilräume besitzen eine Metrik. Als **Metrik** bezeichnet man eine mathematische Funktion, die je zwei Elementen eines Raums einen Zahlenwert zuordnet, der als ‚Abstand‘ aufgefasst werden kann. Die lokalen Teilräume mit existierender Metrik möchte ich als ‚Karten‘ bezeichnen. Sie liegen im Raum-Zeit-Universum. Außerdem gibt es Teilräume, in denen keine Metrik existiert. Ich halte das Vakuum für so einen Teilraum."

Johanna Balthasar bemüht sich redlich, das Gehörte zu verstehen. „Können Sie uns für das Gesagte ein anschauliches Beispiel nennen?"

Dr. Anaximenes überlegt kurz. „Wenn Sie das Beispiel nicht zu sehr strapazieren, dann habe ich eines. Nehmen wir eine Straßenkartensammlung von ganz Europa. Weil Europa auf der gewölbten Erdkugel liegt, kann es nur stückchenweise in ebenen Straßenkarten dargestellt werden. Innerhalb jeder Karte lässt sich die Luftlinie zweier Orte mithilfe eines Lineals messen und die Entfernung ausrechnen. Die Messung der Luftlinie zwischen zwei Orten, die in verschiedenen Karten liegen, ist nicht möglich, denn dafür existiert keine Metrik. Auch die Übersichtskarte, die ganz Europa in verzerrter Form zeigt, lässt keine richtige Messung der Luftlinie zwischen zwei Orten zu. Wenn man es dennoch versucht, führt die Messung auf völlig falsche Werte, weil hier ebenfalls keine Metrik existiert. – Ist das so weit verständlich?"

„Danke, ich glaube ich habe verstanden!" bestätigt Johanna Balthasar.

„Im Diagramm habe ich Verbindungslinien eingezeichnet und bei den gestrichelten Linien den Begriff 'nichtlokal' verwendet. Das bedeutet, die Wirkung eines Objektes auf ein anderes kann nicht durch irgend eine Wirkung erklärt werden, die maximal mit Lichtgeschwindigkeit erfolgt. Zwischen Punkten des Vakuums und den Karten haben wir in physikalischen Experimenten bisher nur nichtlokale Verbindungen entdeckt. Ich erinnere in diesem Zusammenhang an die 'spukhafte Fernwirkung'. Wie bewiesen wurde, erhalten die Photonen diejenigen Informationen, die sie für ihr Verhalten benötigen, durch eine nichtlokale Wirkung. Entfernungen scheinen bei Quantenexperimenten überhaupt keine Rolle zu spielen. Daraus folgere ich, dass im Vakuum keine Metrik existiert. – Bei lokalen Verbindungen innerhalb der Karten des Raum-Zeit-Universums haben wir dagegen eine Metrik. In der Grafik ist dieser Umstand mit dem doppelseitigen Pfeil symbolisiert."

Professor Allman unterbricht: „Und wie wollen Sie die schwammige Formulierung 'außerhalb von Raum und Zeit' präzisieren, Dr. Anaximenes?"

Die rothaarige Mathematikerin lächelt: „Oh, das ist nun einfach: Außerhalb von Raum und Zeit ist **der Teilraum des Kontinuums, auf dem keine Metrik existiert.** Es ist das Vakuum! Das ist zwar nichts Überraschendes, dafür aber präzise formuliert."

Professor Allman bedankt sich bei der Mathematikerin: „Sie haben ein anschauliches Modell unseren bisherigen Kenntnisstands über das Kontinuum entwickelt. Insbesondere die Einführung des Begriffs 'Metrik' scheint mir hilfreich für ein besseres Verständnis." Dr. Anaximenes setzt sich zurück auf ihren Platz und Professor Allman fährt fort.

„Ich möchte den Erkenntnisgewinn unbedingt gleich festhalten in der Liste der Aussagen über das Vakuum." Er schreibt eine neue Folie.

Eigenschaften des Vakuums
- topologischer **Raum ohne Metrik** (Entfernungen spielen keine Rolle)
- die Raumpunkte sind **Informationsspeicher**
- ...

Der Philosoph Dr. Krates fühlt sich unwohl: „Professor Allman, ein Raum, in dem es keine Entfernungen gibt, ist für mich etwas, was gar nichts enthält. Zusätzlich assoziiert der Begriff Vakuum bei mir einen leeren Raum. Kann es sein, dass es sich sich bei dem von uns definierten Vakuum um so einen leeren Raum handelt?"

Professor Allman streicht sich über seinen Bart, bevor er antwortet: „Wir wissen, das Vakuum ist ein Informationsspeicher und hinter einem Informationsspeicher steckt mehr als nur leerer Raum. Was genau dahinter steckt, wollte ich eigentlich erst später mit Ihnen untersuchen. Aber es scheint mir sinnvoll einen Teil dieser Untersuchung bereits an diese Stelle zu verlagern. Dazu müssen wir drei Fragen klären." Er notiert auf Folie und projiziert:

1. *Welche Theorie hat die Mainstream-Wissenschaft über das Quantenvakuum?*
2. *Wie ist der Zusammenhang zwischen dem Quantenvakuum und unserem Vakuum?*
3. *Was ist das Wesen der Materie?*

„Fangen wir mit der Beantwortung der ersten Frage an!" Er blickt in die Runde und sieht, wie sein Kollege Geiger unruhig wird. „Ich glaube Professor Geiger, sie wollen das gern übernehmen."

Professor Geiger legt freudig los: „Die Einstein'sche Relativitätstheorie sieht in dem leeren Raum nur die Geometrie der Raumzeit. In Wirklichkeit zeigt sich, dass das kosmische Vakuum keineswegs nur leerer Raum ist. Physiker haben aufgrund mathematischer Modelle der Quantenmechanik vorausgesagt, dass auch am absoluten Temperatur-Nullpunkt und bei vollständiger Abwesenheit von Materie oder Energie tragenden Feldern der leere Raum noch Energie enthält. Das bedeutet: Es muss etwas im leeren Raum existieren, nämlich das, was wir Vakuumenergie nennen. Wir können zwar die Vakuumenergie nicht direkt nachweisen, aber wir finden immer mehr Wechselwirkungen zwischen diesem Vakuum und den beobachtbaren Objekten und Prozessen der physischen Welt. Dadurch ist die Vakuumenergie indirekt nachgewiesen. Die Berechnung der Größenordnung dieser Energie bereitete uns in der Vergangenheit enorme Schwierigkeiten. Heute geht die Theorie von einer Energiedichte von etwa 100 Trilliardstel Wattsekunden pro Kubikmillimeter Raumvolumen aus. Die zugehörigen Theorien sagen aus, dass die Energiedichte nicht proportional zum Raumvolumen ist, sondern höchsten proportional zur Oberfläche des Volumens."

„Danke, Professor Geiger! – Liebe Kollegen, ich möchte Ihre Aufmerksamkeit auf einige Formulierungen von Professor Geiger lenken. Er sagte: Die Vakuumenergie lässt sich nicht direkt nachweisen! – Was sagte er noch?"

Dr. Anaximenes meldet sich: „Er redete von Wechselwirkungen zwischen dem Vakuum und den beobachtbaren Objekten der physischen Welt."

Professor Allman nickt zufrieden: „Das ist gut bemerkt. Dann werden Sie mir beantworten können, in welchen Bereich die Vakuumenergie gehört. Gehört sie zum Quantenvakuum der physischen Welt oder gehört sie zu dem Vakuum außerhalb des beobachtbaren Raum-Zeit-Universums, so wie wir es definierten?"

„Ganz klar gehört die Vakuumenergie zu dem Vakuum so wie wir es hier definieren, denn sie ist nicht direkt beobachtbar!"

„Danke, Dr. Anaximenes! – Dieses überraschende Ergebnis möchte ich gleich notieren." Professor Allman projiziert die ergänzte Folie.

Eigenschaften des Vakuums
- topologischer **Raum ohne Metrik** (Entfernungen spielen keine Rolle)
- die Raumpunkte sind **Informationsspeicher ...**
- ... und enthalten die **Vakuumenergie**

Dr. Helmholtz ist nicht einverstanden: „Aber wir haben für die beobachtbare physische Welt eine Energiedichte pro Raumvolumen ermittelt. Während das Vakuum so wie hier definiert keine Metrik besitzt. Das bedeutet es hat kein Raumvolumen und keine Energiedichte."

Jemand der sich zuvor noch nicht gemeldet hat, kommt Professor Allman argumentativ zu Hilfe.

„Mein Name ist Enrico Fechner. Ich arbeite an einem Vakuumenergie-Projekt. Ich denke die Schwierigkeiten, die Physiker bisher hatten bei der Ermittlung der Energiedichte, beruhen einfach auf einem fehlenden Modell vom Vakuum. Wir messen zwar die Wechselwirkungen in der beobachtbaren physischen Welt, müssen aber rückschließen auf das nicht direkt beobachtbare Vakuum. Denken Sie an Platons Höhlengleichnis! **Die Schatten auf der Höhlenwand sind nicht die Wirklichkeit, erzählen aber alles über die wirkliche Welt.**"

72

Elektronen-
hülle

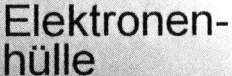

Proton/Neutron
d ≈ 1,5 fm

Atomkern
d ≈ 10 fm

Atom mit Atomhülle
$d ≈ 10^{-10}$ m = 1 Å

Abbildung 14: Atommodell (nicht maßstäblich)

Helmholtz gehen die Augen auf. „Platon hatte ich schon wieder vergessen. Sie haben recht! Die Schatten sind nicht die Wirklichkeit."

„Schön, wie wir gemeinsam zu neuen Erkenntnissen kommen!" freut sich Professor Allman. „Die zweite Frage ist beantwortet. Es bleibt die dritte Frage, nämlich, was das Wesen von Materie ist. Dazu möchte ich Ihnen als Erstes ein Atommodell zeigen. Wer mag es erklären?"

Fechner meint: „Ich hab bisher noch nicht viel gesagt, lassen Sie es mich erklären!"

„Gerne!"

„Es gehört zum Allgemeinwissen, dass Materie aus Atomen aufgebaut ist. Was weniger bekannt ist, sind die Bestandteile eines Atoms. Es besteht aus einem Atomkern und der Elektronenhülle, in der Elektronen kreisen. Elektronen können sich mit unterschiedlichen Wahrscheinlichkeiten überall aufhalten, deshalb ist die Elektronenhülle kein scharf begrenztes Gebiet, sondern als Nebel gezeichnet. Der Kern selbst ist etwa 10.000-mal kleiner als die Elektronenhülle und besteht aus Protonen und Neutronen."

Professor Allman stellt eine Zwischenfrage: „Und woraus bestehen Elektronen, Protonen und Neutronen?"

„Elektronen bestehen aus nichts anderem mehr, sie gehören zu den kleinsten Bausteinen der Materie, den sogenannten Elementarteilchen. Protonen und Neutronen sind dagegen aus zwei weiteren Elementarteilchen aufgebaut, dem Up-Quark und dem Down-Quark. Wenn man von dem Kleber absieht, der das Ganze zusammenhält, dann besteht Materie wirklich nur aus drei verschiedenen Bestandteilen: Elektron, Up-Quark und Down-Quark."

Johanna Balthasar kann nicht glauben, was sie hört. „Aber es gibt doch verschiedene Atome! Ich denke an das Goldatom und dann habe ich auch vom Wasserstoffatom gehört! Die Atome sind so verschieden, da muss etwas anderes im Spiel sein!"

„Nicht wirklich! Sowohl Goldatome, wie Wasserstoffatome bestehen aus den drei genannten Elementarteilchen und nichts anderem. Der einzige Unterschied ist die Zahl und die Anordnung der Elementarteilchen."

„Das verstehe ich nicht!"

„Nehmen wir ein Beispiel. Stellen Sie sich vor, zwei Kinder, ein Mädchen und ein Junge, haben einen Eimer voll mit Legosteinchen. In dem Eimer sind drei verschiedene Sorten enthalten. Etwa Steine mit zwei, vier und acht Noppen. Aus diesen Steinen baut das Mädchen ein kleines Puppenhaus mit zwei Zimmern, Möbeln, Ofen usw. Der Junge baut dagegen eine große Burg mit mächtigen Mauern, Zinnen, Toröffnung und Graben. Worin unterscheiden sich Puppenhaus und Burg?"

„Sie haben recht. Die beiden Bauwerke unterscheiden sich nicht in der Art der Steine, sondern nur in Zahl und Anordnung der Steine."

„Das Gleiche gilt für die verschiedenen Atome! Die unterscheiden sich nur in Zahl und Anordnung der Elementarteilchen!"

Dr. Krates räsoniert: „Die Aussage kann aber wirklich nicht für die Holzstühle hier und den Hamburger gelten, den ich manchmal mittags vor Hunger runterschlinge! – Die beiden Objekte sind zu unterschiedlich. Es muss etwas anderes geben, was sie unterscheidet!"

Fechner amüsiert sich: „Ich verstehe, was Sie meinen. Sie wollten sagen, dass Sie nie in einen Holzstuhl beißen würden, hätten Sie auch noch so Hunger."

Das Auditorium muss lachen.

„Aber im Ernst: Welche Atome sind denn der Hauptbestandteil von Holz?"

„Ich denke es ist der Kohlenstoff mit dem chemischen Zeichen C."

„So ist es! – Und welche Atome sind der Hauptbestandteil von Mehl, aus dem die Hamburger-Brötchen gebacken sind?"

„Hhm, das sind ebenfalls Kohlenstoffatome."

„So ist es! – Ich könnte die gleiche Frage für jeden Bestandteil stellen. Letztendlich kämen wir immer auf Atome, die aus den drei Elementarbausteinchen bestehen. Die Atome formen Moleküle, die sich wiederum nur in Zahl und Anordnung der Atome von anderen Molekülen unterscheiden. Die Moleküle formen Stoffe, die sich nur in Zahl und Anordnung der Moleküle von anderen Stoffen unterscheiden. So geht das weiter bis zur obersten Ebene, den fertigen Gegenständen. Immer wieder unterscheiden sich zwei verschiedene Objekte nur in Zahl und Anordnung der Bausteine. Letztendlich besteht die ganze Materie des Universums nur aus drei verschieden Elementarbausteinen."

Fechner beendet seine Ausführungen und die Teilnehmer müssen das Gehörte erst in Ruhe verarbeiten.

Professor Allman bedankt sich schließlich für den informativen Beitrag und stellt dann eine Frage an die Teilnehmer: „Wir hörten immer wieder den Begriff 'Anordnung'. Für die Zwecke des Lehrgangs benötigen wir einen anderen Begriff, der das Gleiche bedeutet. Deshalb frage ich Sie, welchen Begriff können wir anstelle von 'Anordnung' benutzen?"

Der Informatiker Paul Aiken strahlt: „Sie meinen doch nicht etwa, den Begriff 'Information'?"

„Genau den meine ich, Herr Aiken! – Wenn auf der untersten Ebene alle Materie aus den gleichen drei Elementarbausteinen besteht und wenn man von der Zahl der verwendeten Bausteine absieht, dann ist es die Form und die Bedeutung dieser Form, die zwei materielle Objekte unterscheidet. Denken Sie an das Beispiel von Puppenstube und Burg. Beide unterscheiden sich in der Form und in der Bedeutung ihrer individuellen Formen. Die eine Form bedeutet 'Puppenstube' die andere 'Burg'. 'Information' ist der allgemeine Begriff für Elemente mit bestimmter Form und Bedeutung. Wir wollen also den Begriff 'Information' statt 'Anordnung' verwenden. Die drei Elementarbausteine sind überall gleich und praktisch austauschbar. Information ist das was unterschiedliche Objekte unterscheidet. Deswegen möchte ich auf der Projektionsfolie folgendes festhalten:

INFORMATION IST DER WICHTIGSTE BAU-STEIN DES RAUM-ZEIT-UNIVERSUMS.

Dr. Maupertius meldet sich: „Können Sie bitte für die anderen Wissenschaftler, die keine Informatiker sind, den Begriff 'Information' genauer definieren, Professor Allman?"

„Gerne!" Professor Allman beschreibt eine Projektionsfolie mit Text und Grafik:

Information wird definiert als das Muster einer Energieart oder als die Form von Materie, der innerhalb einer Wirklichkeit eine bestimmte Bedeutung zugeordnet ist.

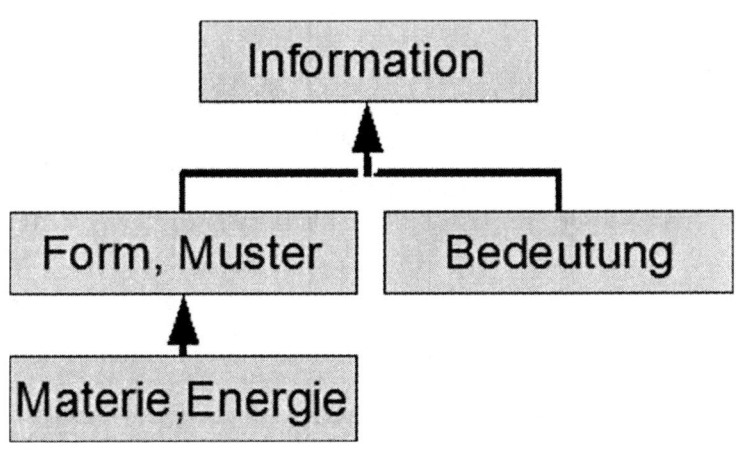

Abbildung 15: Bestandteile von Information

77

„Heißt das: Information und Materie bzw. Energie sind untrennbar verbunden, weil Information das Muster einer Energieart ist?" fragt Dr. Maupertius zum Verständnis.

„Ja und daraus folgt: Ein Informationsspeicher ist immer Materie oder eine Energieart."

Dr. Maupertius protestiert: „Das Vakuum enthält nach unserem Kenntnisstand keine Materie!"

„Richtig! Aber wir wissen: das Vakuum ist ein Informationsspeicher. Daraus folgt zwangsläufig: es enthält Energie. Selbst wenn wir nichts vom Quantenvakuum der Mainstream-Physik gewusst hätten, wären wir zwangsläufig auf die Vakuumenergie gestoßen."

Dr. Helmholtz streicht sich über seine Stirn, wohl um sein Denken anzuregen: „Um auf das Wesen von Materie zurückzukommen und unter Berücksichtigung der berühmten Formel Einsteins

$$E = m * c^2$$

welche die Äquivalenz von Energie E und Masse m beschreibt: Kann man sagen, dass

Materie äquivalent zu Information

ist, weil Energie und Information untrennbar miteinander verbunden sind?"

„Ich denke schon!", bestätigt Professor Allman. „Man könnte sogar weiter auf Folgendes schließen: Das Vakuum ist der Urgrund aller Materie oder von allem was wir kennen. Doch diesen Ansatz möchte ich zunächst nicht weiter verfolgen. Zurück zum Informationsbegriff! Der besitzt eine syntaktische und eine semantische Ebene. Information besteht aus zwei Komponenten, jede aus einer der beiden Ebenen. Erstens aus Mustern bzw. Formen, das ist die syntaktische Ebene und zweitens ihrer Bedeutung, das ist die semantische Ebene! Wie wäre es mit einer kleinen Übung, Dr. Helmholtz?"

„Mit Freude!"

Professor Allman hält ein Stück Papier hoch, auf dem mit Filzstift folgende Buchstaben geschrieben stehen:

$$TAU$$

„Als Erstes darf ich bemerken, dass dieses Stück Materie eine bestimmte Form bzw. ein Muster besitzt. Sagen Sie mir bitte, wie Sie die Bedeutung des Musters ermitteln und zwar Schritt für Schritt! Was kann es bedeuten?"

„Zunächst einmal gar nichts! Ich benötige ein Bezugssystem, mit dem das Muster in Beziehung steht!"

„Durch ein Bezugssystem ordnen Sie dem Muster bereits eine grundlegende Bedeutung zu. Wenn Sie als Bezugssystem die deutsche Sprache nehmen, dann wird dem Muster bereits die Bedeutung eines Wortes zugeordnet! – Also gut, nehmen Sie die deutsche Sprache als Bezugssystem!"

„In der deutschen Sprache kann das Buchstabenmuster TAU entweder Niederschlag, Seil oder auch griechischer Buchstabe bedeuten! Um zu entscheiden, was es tatsächlich bedeutet, müsste ich mehr über die Wirklichkeit wissen, mit der das Buchstabenmuster in Beziehung steht."

„Sie brauchen also eine Wirklichkeit! – Das wird allerdings nicht ausreichen um eine Entscheidung zu treffen. Wen oder was brauchen Sie noch außer der Wirklichkeit?"

„Ich denke, es muss jemand da sein, der die Wirklichkeit beobachtet und beurteilt, ob TAU nun Niederschlag, Seil oder griechischer Buchstabe bedeutet. Aufgrund der Beobachtung muss ein Urteil abgegeben und dadurch dem Muster die Bedeutung zugeordnet werden."

„Was für ein Vorgang ist das, der die Entscheidung trifft und dem Muster eine Bedeutung zuordnet, Dr. Helmholtz? Kann es beispielsweise ein automatischer Vorgang sein wie bei einem Computerprogramm?"

Dr. Helmholtz überlegt ein Weilchen, bevor er antwortet: „Es muss ein bewusster Vorgang sein, denn die automatische Zuordnung einer Bedeutung aufgrund von Regeln wie bei einem Computerprogramm ist nicht sehr treffsicher und führt immer wieder zu dummen Fehlern. Ein Computerprogramm erkennt einfach nicht die wirkliche Bedeutung."

„Danke! Das wollte ich hören! Ich darf damit festhalten: Für die treffsichere Ermittlung der Bedeutung benötigt man einen **bewussten Vorgang**. Dieser beurteilt das Muster im Zusammenhang mit der Wirklichkeit und ordnet ihm eine bestimmte Ausprägung oder Repräsentation der Wirklichkeit zu. Die Repräsentation der Wirklichkeit stellt dann das dar, was wir unter Bedeutung verstehen. – Information ist über die Bedeutungs-Ebene eng verknüpft mit bewussten Vorgängen bzw. Bewusstsein. Ohne Bewusstsein gibt es keine wirkliche Bedeutung und ohne Bedeutung keine Information. **Bewusstsein ist deshalb das Primäre oder Umfassende, Bedeutung und Information ein Teil davon.** Professor Allman projiziert die letzte Erkenntnis in grafischer Form.

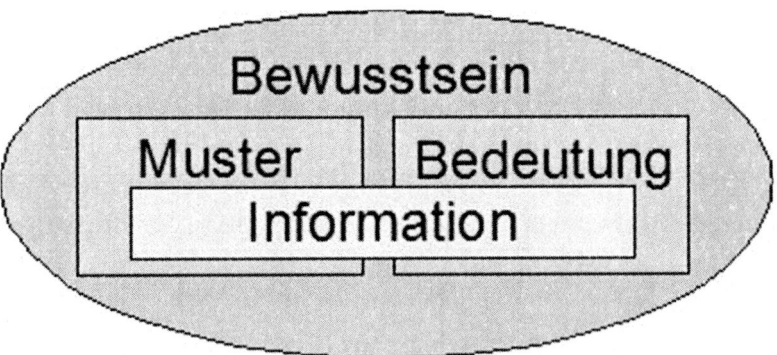

Abbildung 16: Information als Teil des Bewusstseins

Er schaut auf seine Uhr. „Sehr geehrte Damen und Herren! Für heute ist Schluss! Bei unserem nächsten Thema morgen werden wir uns näher mit Bewusstsein beschäftigen und der Frage, was das Vakuum in seiner Eigenschaft als Informationsspeicher mit Bewusstsein zu tun hat. Ich wünsche Ihnen einen angenehmen Abend."

Das primäre Bewusstsein des Vakuums

In Bezug auf das Bewusstsein
wird nicht von räumlicher
Unteilbarkeit gesprochen
(da das Bewusstsein nichtmateriell
und somit auch nichträumlich ist),
sondern von einer
zeitlichen Unteilbarkeit.

Dalai Lama XIV, Die Gespräche in Bodhgaya

Mittwoch, der 4. Juni

„Wer ist Bewusstseinsforscher und möchte uns gerne in das Thema Bewusstsein einführen?" Professor Allman schaut suchend in die Runde. Sein Blick bleibt an einer Frau mittleren Alters mit üppigem Kraushaar hängen. Es ist Professor Elisabeth Delacroix, die schon mehrere Bücher über das Thema Bewusstsein veröffentlicht hat.

Frau Professor Delacroix macht ein abwehrendes Gesicht: „Das Thema ist sehr vielschichtig und es gibt keine allgemein anerkannte präzise Definition für Bewusstsein. Etwas Präzises brauchen Sie aber in diesem Lehrgang, wenn Sie die Behandlung des Themas nicht in allgemeinem Geschwafel enden lassen möchten! Habe ich nicht recht?"

„In Ihrem Fach werden unterschiedliche Arten von Bewusstsein unterschieden, von denen eine relativ leicht zugänglich ist für die Bildung theoretischer Modelle. Darüber hinaus gibt es Kriterien, an denen Sie bewusstes Verhalten erkennen. Bitte, Frau

Professor Delacroix, ich freue mich sehr, wenn Sie dazu ein paar hinführende Worte finden!"

Elisabeth Delacroix lächelt und ein paar Kraushaarsträhnen fallen nach vorne, als sie ihren Kopf senkt. Gleich darauf schaut sie auf: „Wenn Sie zu meiner Rede passende Bilder projizieren, stimme ich zu!"

Professor Allman sucht ein symbolisches Startbild und findet eines aus dem 17.Jahrhundert.

„Cogito ergo sum – ich denke, also bin ich! Das war der berühmte Ausspruch und die Grundlage der Metaphysik von René Descartes, dem Naturwissenschaftler aus dem 17. Jahrhundert, der das Selbstbewusstsein als philosophisches Thema einführte. Descartes machte noch keinen Unterschied zwischen Denken und Bewusstsein. Für ihn war es ein und dasselbe. Zu seiner Zeit ging man davon aus, dass Körper und Geist zwei getrennte Erscheinungen sind, bei dem nur der Körper sich einer naturwissenschaftlichen Untersuchung zugänglich zeigt. Heute weisen wir das zurück. Die mentalen Phänomene stellen lediglich eine spezielle Ausprägung der Naturvorgänge dar und der Geist ist naturwissenschaftlichen Methoden zugänglich. Wir können beispielsweise durch die Kernspintomografie dem Gehirn beim Denken zuschauen. Wir brauchen nicht mehr herauszufinden, wie zwei so unterschiedliche Substanzen wie Geist und Materie zusammenwirken können. Es genügt herauszufinden, welche bewussten oder unbewussten Phänomene mit biologischen Vorgängen zusammenhängen. – Fachleute trennen zwischen zwei Arten von Bewusstsein, dem kognitiven und dem phänomenalen. Das kognitive Bewusstsein ist ein Bewusstsein 'von etwas'. zum Beispiel von der Umgebung oder von den eigenen Körperzuständen. Wenn der Straßenlärm in mein Ohr dringt oder ich Kälte spüre, dann handelt es sich um eine primäre Form des kognitiven Be-

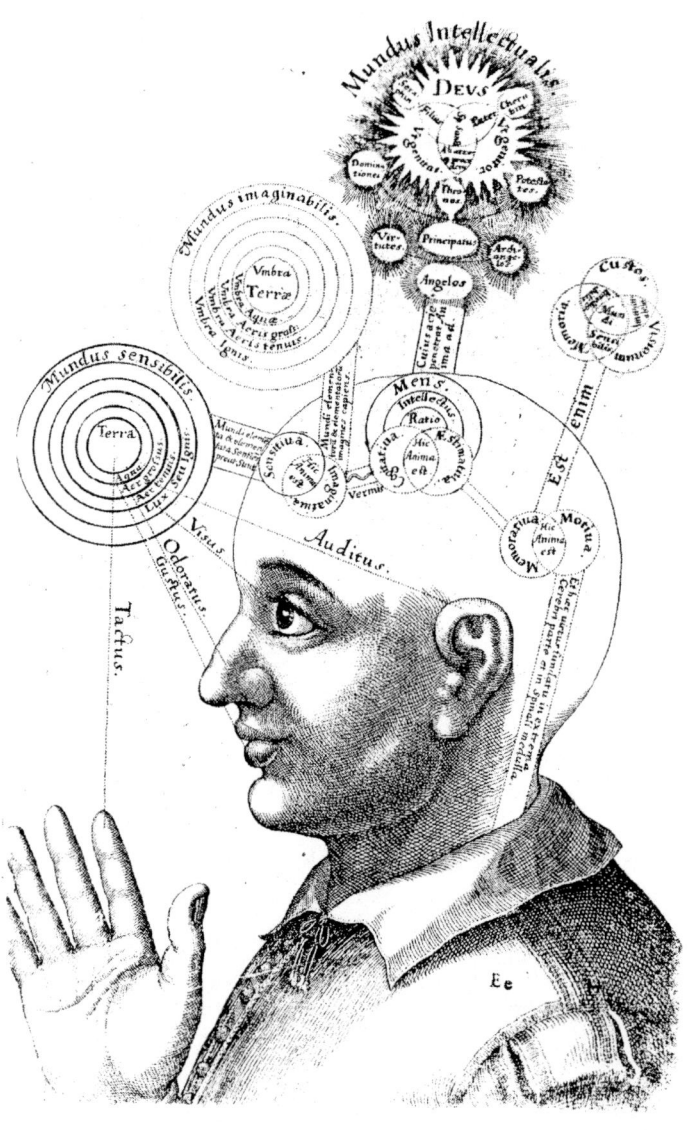

Abbildung 17: Wie man im 17. Jh. versuchte menschliches Bewusstsein zu erklären

wusstseins. Es besteht aus einer Repräsentation der Umgebung und des eigenen Körpers."

„Darf ich kurz unterbrechen?", fragt Professor Allman.

„Bitte!"

„Mir ist Ihre letzte Formulierung aufgefallen. Sie sagten, das kognitive Bewusstsein in seiner primären Form besteht aus einer 'Repräsentation der Umgebung'."

„Ja?"

„Bei unserem vorherigen Thema stellten wir fest, dass es ein bewusster Vorgang ist, der dem Muster eine Repräsentation der Wirklichkeit zuordnet und diese Repräsentation ist das was wir als Bedeutung verstehen. Wenn Ihre Aussage richtig ist, dann bestätigt das meine Grafik (Abbildung 16) und 'Bedeutung' ist Teil des kognitives Bewusstsein. – Was meinen Sie dazu?"

Elisabeth Delacroix stutzt. Sie überlegt kurz, bevor sie antwortet. „Ich denke, dass die Repräsentation der Wirklichkeit nicht verschieden ist von einer primären Form des kognitiven Bewusstseins. Andererseits besitzt das kognitive Bewusstsein auch komplexere Stufen, wie das reflexive Bewusstsein. Hierunter versteht man die Fähigkeit den eigenen Gedankenstrom zu verfolgen. Das ist das, was ich gerade durch mein Nachdenken über das kognitive Bewusstsein besitze. Das kognitive Bewusstsein ist also umfassender als eine Form der Repräsentation der Wirklichkeit. Meine Ausführungen bestätigen Ihre Grafik, welche die Bedeutung als Teil eines Bewusstseins zeigt. Sind Sie zufrieden?"

„Danke, ich würde mich freuen, wenn Sie jetzt mit Ihrer ursprünglichen Ausführung fortfahren."

Frau Professor Delacroix fährt fort: „Die zweite unterschiedene Art des Bewusstseins ist das phänomenale Bewusstsein. Es betrifft den subjektiven Aspekt 'wie es ist' beispielsweise Schmerz zu spüren oder die Farbe Blau zu sehen. Es geht also um Eindrücke und Gefühlsregungen von angenehm oder unangenehm, die sich schwer beschreiben lassen. Was künstliche Systeme oder Tiere angeht, beschränken wir uns deshalb auf den kognitiven Aspekt des Bewusstseins, der den Methoden der Neurowissenschaft, der experimentellen Psychologie und der künstlichen Intelligenz zugänglich ist."

Der Informatiker Paul Aiken, der sich mit Fragen der künstlichen Intelligenz beschäftigt, stellt eine Zwischenfrage: „Mich interessiert besonders welche objektiven Merkmale Bewusstsein erkennen lassen?"

„Bewusstsein kann man an Verhaltensweisen erkennen, die bestimmte Merkmale zeigen. Professor Allman, können Sie die gleich folgende Liste mitschreiben?"

„Sicher!" Professor Allman projiziert die von Frau Professor Delacroix diktierte Liste:

Verhaltensmerkmale, die Bewusstsein erkennen lassen

1. die Fähigkeit, Veränderungen der Wirklichkeit zu entdecken, sich darauf einzustellen und/oder ein Ziel zu verfolgen, auch wenn die Bedingungen sich in einer vorher nicht gekannten, unerwarteten Weise verändert haben;

2. nicht mit Sicherheit vorhersehbares, eigengesteuertes Verhalten, das bei Bedarf Informationen benutzt, die irgendwann zuvor gespeichert wurden;

3. unvorhersehbares, vorsätzliches Verhalten, das auf Voraussicht oder Vorwegnahme von Ereignissen und Entwicklungen schließen lässt (Antizipation);

4. die Fähigkeit den eigenen Gedankenstrom kritisch zu beurteilen.

Wenn die Merkmale 1 bis 2 gleichzeitig erfüllt sind, zeigt dies primäres Bewusstsein an. Wenn zusätzlich das Merkmal 3 oder 4 erfüllt ist, zeigt dies reflexives Bewusstsein an.

„Wie sieht es mit Beispielen aus?", möchte Dr. Maupertius der Philosoph wissen.

„Wir können an zwei Beispielen untersuchen, inwieweit wir dort Bewusstsein feststellen. Das erste Beispiel ist das Regelsystem der menschlichen Körpertemperatur. Für unsere Zwecke reicht eine stark vereinfachte Form dieses Regelsystems. Beim zweiten Beispiel wollen wir untersuchen, ob Schimpansen bzw. Bonobos Bewusstsein haben. – Professor Allman, wären Sie so freundlich

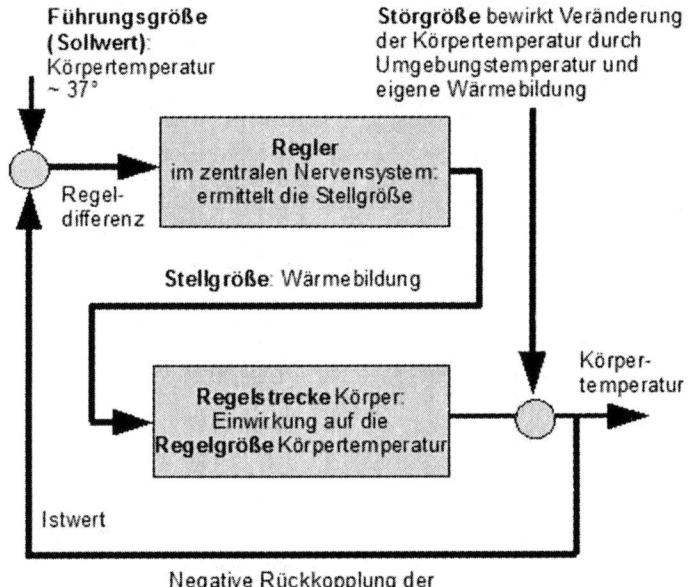

Abbildung 18: Regelsystem Körpertemperatur

und würden uns das Diagramm Regelsystem der Körpertemperatur aus dem Internet laden und projizieren?"

Professor Allman erledigt, worum er gebeten wurde.

„Lassen Sie mich das Diagramm kurz erklären, bevor wir untersuchen ob das Regelsystem Bewusstsein zeigt. Kennzeichnend für ein Regelsystem ist der geschlossene Wirkungskreis mit einer negativen Rückkopplung. Das Diagramm zeigt die Standardform eines Regelsystems wie es in der Biologie, Zoologie und Technik häufig vorkommt. Hier reguliert es die Körpertemperatur. Es besteht aus dem Körper als Regelstrecke, dem zentralen Nervensystem als Regler und einer negativen Rückkopplung der Körpertemperatur auf den Regler. Die Körpertemperatur wird als Regelgröße (auch: Istwert) bezeichnet. Die Regeldifferenz errechnet sich aus der Differenz zwischen dem Sollwert und der Regelgröße. Die vom zentralen Nervensystem veranlasste Wärmebildung (Stellgröße) wirkt auf den Körper (Regelstrecke) und damit wiederum auf die Körpertemperatur (Regelgröße) ein. Die Umgebungstemperatur bewirkt als Störgröße eine Veränderung der Körpertemperatur (Regelgröße), die nicht gewünscht ist und daher über die negative Rückkopplung kompensiert werden muss. Die Natur hat hier ein ziemlich ausgeklügeltes System errichtet, an dem das zentrale Nervensystem beteiligt ist. Was meinen Sie, verehrte Kollegen: ist das zentrale Nervensystem der Sitz von primärem Bewusstsein, welches sich in diesem Regelsystem für die Körpertemperatur manifestiert?"

Die Teilnehmer rätseln eine Weile bevor sich Paul Aiken getraut die Antwort zu formulieren. „Das Regelsystem besitzt schon wie im Merkmal 1 gefordert, die Fähigkeit, sich auf gewisse Veränderungen der Wirklichkeit einzustellen. Normale Temperaturschwankungen gehören zu solchen Veränderungen. Ebenso ist klar: das Regelsystem verfolgt ein Ziel, nämlich die Körpertemperatur möglichst konstant auf 37° Celsius zu halten, was ihm normalerweise gelingt. Falls sich aber die Umgebungsbedingungen in einer vorher nicht gekannten, unerwarteten Weise verändern, habe ich meine Zweifel, ob das Regelsystem darauf angemessen reagieren kann. Ich versuche mir vorzustellen, was das Regelsystem macht, wenn der Körper sich in einer 100° Celsius heißen finnischen Sauna aufhält. Ich glaube nicht, dass das Regelsystem für längere Zeit mit der Überhitzung fertig wird. Es muss ein wirkliches Bewusstsein eingreifen und den Körper anweisen, sich schleunigst aus der Sauna zu entfernen. Des weiteren wird das Regelsystem keine Informationen darüber speichern, wie heiß eine finnische Sauna werden kann und dieses Wissen für sein zukünftiges Regelverhalten verwenden. Weder Merkmal 1 noch Merkmal 2 ist erfüllt. Primäres Bewusstsein ist deshalb nicht erkennbar."

„Danke, Herr Aiken. Das war erschöpfend beantwortet. Gefühlsmäßig war klar, dass das Regelsystem der Körpertemperatur kein primäres Bewusstsein zeigen kann, aber ohne objektive Merkmale wäre die Begründung schwammig ausgefallen. Deshalb ist es ein schönes Beispiel für die Anwendung der Merkmale von Bewusstsein auf reale Systeme. Nun zum zweiten Beispiel. Professor Allman würden Sie bitte meinen Film über die Experimente mit den Schimpansen aus dem Internet laden und vorführen?"

„Nichts lieber als das!" Wenige Minuten später läuft der Film.

Der Filmtitel blendet auf: „Flecktest nach Gordon Gallup". Die folgenden Szenen zeigen Schimpansen in artgerechter Haltung. Dann wird ein Tierpsychologe vorgestellt und gezeigt, wie er eine Banane mit einem Schlafmittel präpariert. Anschließend nähert er sich einer Äffin, die er freundlich mit Lucy anredet. Er reicht ihr die präparierte Banane. Lucy isst diese und schläft kurze Zeit später ein. Der Psychologe nimmt Lucy auf, trägt sie in eine besondere Behausung und legt sie dort vor einen großen Spiegel.

Abbildung 19: Besitzen gemeine Schimpansen (Pan troglodytes) Bewusstsein?

Bevor er sich entfernt, malt er ihr mit einer Bodypaintfarbe einen roten Fleck mitten auf die Stirn.

Als Lucy aufwacht, beobachtet sie aufmerksam ihr Gegenüber im Spiegel. Sie braucht ein paar Sekunden, bevor sie merkt, dass irgendetwas nicht normal ist. Dann greift sie sich mit ihrer rechten Hand an die eigene Stirn und versucht den roten Fleck zu entfernen. Immer wieder kratzt sie mit einem Finger an dem Fleck und beobachtet den sich abzeichnenden Erfolg im Spiegel.

Der Film endet. Im Lehrgangsraum herrscht nachdenkliche Stille.

„Hat Lucy nun Bewusstsein oder nicht und warum?", fragt Frau Professor Delacroix lächelnd.

Dr. Dessoir versucht sein Glück. „Mir fällt zunächst auf, dass Lucy nicht ihr Spiegelbild untersucht hat, sondern sich selbst. Verhalten sich alle Affen so?"

„Nein, so verhalten sich nicht alle, aber Schimpansen wissen, dass der Spiegel ihr eigenes Bild zurückwirft."

„Sie wissen offensichtlich auch, dass der Fleck nicht normal ist."

„Das ist richtig!"

„Bezogen auf die vorhin aufgestellten Merkmale von Bewusstsein würde ich sagen, Lucy hat die Fähigkeit Veränderungen der Wirklichkeit zu entdecken und sich darauf einzustellen. Der rote Fleck ist eine unerwartete, wohl vorher nicht gekannte Weise der Veränderung. Ich möchte deshalb das Verhaltensmerkmal 1 als erfüllt ansehen."

„Auch das ist richtig!", kommentiert Frau Professor Delacroix.

„Bezogen auf das Verhaltensmerkmal 2 kann ich sagen, dass Lucy wohl nicht dressiert wurde, roten Flecken von ihrer Stirn zu entfernen. Das bedeutet, sie zeigt nicht vorhersehbares, eigengesteuertes Verhalten. Sie benutzt zur Fleckentfernung ihre Lebenserfahrung, die sie irgendwann zuvor gespeichert hat. Deshalb ist für mich auch Verhaltensmerkmal 2 erfüllt. Das bedeutet Lucy zeigt zumindest primäres Bewusstsein."

„Sie haben das Verhalten von Lucy richtig beurteilt, Dr. Dessoir. Sie zeigt Bewusstsein!"

„Danke! Mich macht nur stutzig, dass meiner Meinung nach Lucy mehr als primäres Bewusstsein zeigt, wenn Sie ihr Spiegelbild nicht als ein anderes Individuum behandelt, sondern sich selbst darin erkennt. Andererseits habe ich Schwierigkeiten die Verhaltensmerkmale 3 oder 4 anzuwenden. Wie sehen Sie das, Frau Professor Delacroix?"

„Der Flecktest gilt als Beweis für Ich-Bewusstsein. Ich-Bewusstsein gehört zum reflexiven Bewusstsein. Die Verhaltensmerkmale 3 und 4 lassen sich im Beispiel wirklich schwer zuordnen. Eigentlich müsste der Flecktest als weiteres Verhaltensmerkmal, nämlich Nummer 5 in die Liste der Verhaltensmerkmale mit aufgenommen werden. Ich hab ihn nur deshalb weggelassen, weil ich ihn als Beispiel für primäres Bewusstsein nutzen kann. – Doch nun möchte ich das Wort wieder Professor Allman übergeben."

„Lieben Dank, Frau Kollegin! – Sie haben uns so weit vorwärts gebracht, dass wir nun die Verhaltensmerkmale, die Bewusstsein anzeigen, auf Experimente mit Quanten anwenden können."

„Nicht genug damit, dass Tiere Bewusstsein haben sollen. Sie wollen doch nicht etwa auch noch Bewusstsein bei Quanten nachweisen!", giftet die Theologin Johanna Balthasar los.

„Warum denn nicht, wenn das möglich wäre?", wundert sich Professor Allman.

„Weil das Frevel ist!"

In ruhigem Ton erklärt Professor Allman seine Einstellung. „Mir ist bewusst, dass man bis vor wenigen Jahrhunderten auf den Scheiterhaufen landete, wenn man die damals herrschende Lehrmeinung anzweifelte und behauptete die Erde sei weder eine Scheibe, noch würde die Sonne um die Erde kreisen. Zwischenzeitlich gibt es kein Monopol mehr auf die Beantwortung naturwissenschaftlicher Fragen. Freies, kritisches Denken wird zumindest in unserem Land nicht mehr mit dem Tod bedroht. Die Mehrheit der hier anwesenden Kollegen wird mit mir einer Meinung sein und ist sicher gespannt darauf, was die Anwendung der Verhaltensmerkmale auf Quantenexperimente für ein Ergebnis zeigt."

„Lassen Sie es mich versuchen, die Verhaltensmerkmale anzuwenden!", schaltet sich Professor Geiger ein. „Die erste Frage lautet: Kann ein Quant – im Rahmen seiner Möglichkeiten natürlich – Veränderungen der Wirklichkeit feststellen und sich darauf einstellen? Beim Doppelspalt-Experiment erkennt es sofort, wenn ein Spalt zugedeckt wird. Dann wissen die Quanten, dass sie die dunklen Streifen, die sie bei der Interferenz ausließen, wieder aufsuchen dürfen. Auch wenn beide Spalten offen sind und sie die Absicht des Versuchsleiters merken, der herausfinden möchte, welchen Weg sie nehmen, ändern sie sofort ihr Verhalten und interferieren nicht mehr. Sie möchten anscheinend die Weg-Information unter keinen Umständen preisgeben. – Bei Quanten geht es meiner Meinung nicht darum, dass sie ein Ziel verfolgen. Dennoch hat man als Physiker das Gefühl, ihr Ziel sei es, uns gewisse Information vorzuenthalten. Egal wie wir die Versuchsbedingungen verändern, um ihnen auf die Schliche zu kommen, sie passen sich ohne Ausnahme den veränderten Bedingungen an und verweigern uns die Information, wie sich ein Einzelnes von ihnen verhält, weil es nach jeglicher Messung eigenständig einen realen Zustand wählt, der nicht vorhersehbar ist. Ich halte deshalb das Verhaltenskriterium 1 für erfüllt."

„Und wie steht mit der Vorhersehbarkeit des Verhaltens sowie der Eigensteuerung und der Verwendung zuvor gespeicherter Informationen, also dem, was für das Verhaltenskriterium 2 wichtig ist?"

„Lassen Sie mich erst die Frage nach der Verwendung zuvor gespeicherter Informationen beantworten. Die kosmische Variante des Doppelspalt-Experiments zeigt: Quanten wissen noch nach Milliarden Lichtjahren oder nach Umwegen von 50.000 Lichtjahren, dass sie zusammengehören und aus derselben Lichtquelle stammen. Sie werden mit Veränderungen des direkten Weges fertig – das bestätigt erneut Kriterium 1 – andererseits zeigt es: Sie haben die Information über ihre Herkunft gespeichert, egal welche widrigen Umstände ihr Weg aufweist, sie interferieren! – Wenn es um nicht vorhersehbares Verhalten und Eigensteuerung geht, dann ist das Zwei-Photonen-Experiment der Beweis dafür. Es ist absolut nicht vorhersehbar, welchen Weg ein einzelnes Quant am polarisierenden Strahlenteiler PBS einschlägt, egal welche Experimente wir Physiker anstellen, um die Entscheidung des Quants vorher kennenzulernen. Es wählt unvorhersehbar entweder die waagrechte oder die senkrechte Polarisierung und geht danach in einen realen Zustand über. Es gibt viele weitere Experimente mit Quanten, die in diesem Lehrgang gar nicht alle aufgezählt werden können. Eines haben die Experimente gemeinsam. Das Quant scheint seinen realen Zustand immer selbst zu wählen. Niemals kann die Wahl vorhergesehen werden. Deshalb halte ich das Verhaltenskriterium 2 für erfüllt. Das überrascht mich selbst umso mehr, als ich vor diesem Seminar niemals daran gedacht hätte, Quanten könnten primäres Bewusstsein besitzen!"

Professor Allman schüttelt den Kopf: „Seien Sie mir nicht böse, aber ich denke, Quanten besitzen kein primäres Bewusstsein, auch wenn sie gut argumentiert haben, Professor Geiger!"

„Da muss ich Ihnen widersprechen!", fällt Elisabeth Delacroix in die Diskussion ein. „Wenn ich meine eigene Aufstellung objektiver Verhaltensmerkmale für Bewusstsein ernst nehme, dann muss ich Professor Geiger recht geben!"

Im Saal wird es unruhig.

Paul Aiken trägt engagiert seine Meinung vor: „Ich bin der gleichen Ansicht wie die Professoren Geiger und Delacroix!"

„Danke, danke, liebe Kollegen, für Ihre engagiert vorgetragenen Meinungen! – Sie werden gleich sehen, dass ich dennoch recht habe. Ich hab nicht gesagt, dass Quanten durch ihr Verhalten kein primäres Bewusstsein zeigen würden, ich hab nur gesagt, sie würden keines besitzen. Das ist ein Unterschied!"

Paul Aiken beruhigt sich: „Das müssen Sie erklären, Professor Allman!"

„Es gibt zwei Argumente. Das erste lautet: Platonsches Höhlengleichnis. Der Schatten, der Bewusstsein zeigt, ist nicht die Wirklichkeit. Wir müssen uns die Wirklichkeit erst erarbeiten. Und das zweite Argument ist eines aus der Informationstheorie. Dabei bitte ich Sie um eine fachmännische Schätzung, Herr Aiken. Angenommen, Sie könnten ein Software-Programm entwickeln, das bewusstes Verhalten zeigt, wieviel Bit würde so ein Programm umfassen?"

„Oh je, das ist sehr schwer zu schätzen! – Ich denke, um die einfachsten Ansätze von primärem Bewusstsein programmtechnisch zu realisieren, würde man schon viele Megabit an Programmcode benötigen."

Professor Allman wendet sich an Professor Geiger. „Bitte sagen Sie uns, wie viel Quantenbits ein einzelnes Quant speichern kann?"

„Das ist ganz unterschiedlich, das reicht von weniger als acht bis zu mehreren Hundert!"

„Damit ist beantwortet, ob ein einzelnes Quant Bewusstsein haben kann. Selbst für primäres Bewusstsein werden viel mehr Bits an Information benötigt, als ein Quant haben kann. Deshalb kann ein Quant Bewusstsein zeigen, aber nicht haben."

„Verblüffend!" Elisabeth Delacroix streicht sich ihre gelockten Haarsträhnen aus dem Gesicht. „Sie müssen uns erklären, wo das Bewusstsein sitzt, das die Quanten zeigen, Professor Allman!"

„Die einzige Möglichkeit außerhalb unseres Raum-Zeit-Universums ist das Vakuum. Dadurch ergibt sich eine Ergänzung der

Eigenschaften des Vakuum." Professor Allman vervollständigt die zugehörige Folie.

<u>Eigenschaften des Vakuums</u>
- topologischer **Raum ohne Metrik** (Entfernungen spielen keine Rolle)
- die Raumpunkte sind **Informationsspeicher** ...
- ... enthalten die **Vakuumenergie**
- ... und besitzen primäres **Bewusstsein**

Der Philosoph Dr. Maupertius hat sehr aufmerksam zugehört, aber er ist noch nicht vollständig überzeugt. „Ich sehe ein: Das Vakuum ist der Träger des primären Bewusstseins. Aber mir ist nicht klar, wie Quanten es schaffen primäres Bewusstsein zu zeigen, das sie selbst gar nicht besitzen."

„Zur Beantwortung möchte ich Ihnen ein kleines physikalisches Experiment zeigen, das als Beispiel für die Wechselwirkung zwischen energetischen Objekten dienen kann." Professor Allman startet den kurzen Film, der ein Kugelstoßpendel in Aktion zeigt.

Fünf Kugeln sind an Fäden aufgehängt und diese in einer Halterung befestigt. Die Kugel, die sich ganz links außen befindet, schwingt nach links, hält am höchsten Punkt und schwingt zurück. Sie prallt auf eine Reihe von vier ruhenden Kugeln, die ebenfalls an Pendelfäden aufgehängt sind. Augenblicklich stoppt die linke Kugel und bleibt in Ruhe. Die Kugel außen rechts schwingt stattdessen aus. Als sie zurückpendelt und auf die ruhenden Kugeln auftrifft, schwingt die ganz linke Kugel erneut aus. Das Spiel beginnt von vorne (Abbildung 20).

Professor Allman beginnt zu erklären. „Was uns interessiert ist der Moment der Wechselwirkung zwischen den Kugeln. Die Wechselwirkung ist nur sehr kurz und findet in dem Augenblick statt, wenn eine Kugel zurückschwingt und auf die ruhenden Ku-

Abbildung 20: Das Kugelstoßpendel veranschaulicht eine sehr kurze Wechselwirkung mit Austausch von Energie und Information, Foto: Dominique Toussaint, GNU-Lizenz s. Anhang

geln auftrifft. In diesem Augenblick überträgt sie Energie auf die ruhenden Kugeln. Wir wissen zwischenzeitlich, dass in Energie ein Muster gespeichert sein kann, welches zu einer bestimmten Information gehört. Hier ist es die Information über die Geschwindigkeit und die Schwingungsrichtung. Die Information wird zusammen mit der Energie weitergeben an die nächste Kugel. Diese reicht in einer weiteren Wechselwirkung beides erneut weiter. Die letzte Kugel rechts hat keinen Partner mehr, an den sie etwas weiterreichen könnte. Deshalb führt sie das aus, was ihr Energie und die zugehörige Information auftragen, nämlich mit einer bestimmten Geschwindigkeit in eine vorgegebene Richtung zu schwingen."

Dr. Maupertius sieht immer noch keinen Zusammenhang mit seiner Frage. „Das ist ja schön und gut, Professor Allman, aber wie wird das primäre Bewusstsein des Vakuums auf Quanten übertragen?"

„Bewusstsein wird gar nicht übertragen, Dr. Maupertius. Es ist Information, die übertragen wird, nämlich die Information, welche die Quanten benötigen, um ihr spezifisches Verhalten zu zeigen, wie es sich in den Experimenten manifestiert. Wenn Sie sich noch einmal die Abbildung vergegenwärtigen, die Information als Teil des Bewusstseins zeigt, dann müsste Ihnen der Zusammenhang klar werden. Das Bewusstsein bleibt im Vakuum. Die Wechselwirkung mit den Quanten erfolgt wie jede bekannte Wechselwirkung, indem Information weitergereicht wird. In diesem Fall ist es eine Information, die Bewusstsein anzeigt. Und dass Wechselwirkungen zwischen Quanten und dem Vakuum tatsächlich stattfinden müssen, habe ich Ihnen bewiesen durch die sonst unerklärlichen Phänomene."

„Danke, Professor Allman, es ist einfach zu viel Neues, um alles im Kopf gegenwärtig zu haben. Ich werde heute Abend meine

Aufschriebe noch mal durchgehen, um das bereits Besprochene zu rekapitulieren."

Der Parapsychologe Dr. Dessoir macht ein säuerliches Gesicht: „Haben Sie mein Anliegen vergessen, Professor Allman? – Sie hatten im Zusammenhang mit Ihrer Vakuums-Theorie versprochen, sie würden beweisen, *dass es ein transpersonales Bewusstsein gibt, dessen Ursprung im Vakuum liegt.*"

„Moment, Dr. Dessoir, eigentlich hatte ich gedacht, ich würde Sie mit diesem Lehrgang befähigen, den Beweis selbst zu führen. Aber ich will mich gern darum kümmern. Vorher muss ich von meiner verehrten Kollegin Professor Delacroix eine fachliche Information einholen."

„Ja, bitte, um was geht es, Professor Allman?" Elisabeth Delacroix lächelt.

„Nur eine Frage: Als Bewusstseinsforscherin werden Sie sicher wissen, wo das menschliche Bewusstsein erzeugt wird. Können Sie mir das verraten?"

„Bis vor Kurzem hätte ich noch geantwortet: im menschlichen Gehirn! – Dieser Lehrgang, Professor Allman, hat mich unsicher gemacht. Die Gehirnfunktion steht zwar in Korrelation zum Bewusstsein, aber nichts beweist, dass sie Bewusstsein auch tatsächlich erzeugt. Das ist wie bei den Quanten die Bewusstsein zeigen, obwohl es sich nur um eine Wechselwirkung mit dem primären Bewusstsein des Vakuums handelt. Ich muss deshalb sagen, wo das menschliche Bewusstsein erzeugt wird, ist für mich zu einem unerklärlichen Phänomen geworden."

„Danke, Frau Professor Delacroix! – Nun zu meiner Argumentation. Um das Phänomen des transpersonalen Bewusstseins erklären zu können, benötigen wir das Kontinuums-Modell von Dr. Anaximenes. Da es keinerlei lokale Verbindung zwischen dem Bewusstsein des Senders und des Empfängers gibt, muss eine nichtlokale, metrikfreie Verbindung über das Vakuum existieren.

Das Phänomen lässt sich aber nicht vergleichen mit Quanten-Phänomenen, da bei Quanten-Phänomenen im RZU immer eine lokale Verbindung zwischen Sender (Lichtquelle) und Empfänger (Messgerät) existiert. Andererseits lässt sich transpersonales Bewusstsein nur erklären, wenn man von einer ähnlichen Erklärung ausgeht, wie bei den Quanten, die primäres Bewusstsein zeigen. Das bedeutet: Die Gehirnfunktionen von Sender und Empfänger zeigen Bewusstsein, aber **in Wirklichkeit gehören zumindest Teile des menschlichen Bewusstseins dem Vakuum an.**"

Professor Allman macht an dieser Stelle eine Sprechpause, um seine Worte wirken zu lassen.

Einige Teilnehmer atmen schwer. Jemand aus der hinteren Reihe sagt leise: „Das wird ja immer toller!"

Professor Allman hört es und gibt eine Antwort: „Ja, so ist es! Wenn wir erst das wahre Gesicht der Wirklichkeit besprechen, fürchte ich, wird Ihr bisheriges Weltbild in Trümmern liegen und durch ein neues ersetzt werden. Doch lassen Sie mich erst die Überlegungen zum menschlichen Bewusstsein zu Ende führen, bevor wir ein neues Thema anfangen!"

Elisabeth Delacroix nutzt die Gelegenheit, um selbst einen Gedanken beizutragen. „Für mich macht das Sinn! Warum sollten die Raumpunkte des Vakuums sich auf primäres Bewusstsein beschränken, wenn sie erwiesenermaßen schon Bewusstsein besitzen? – Da es im Gegensatz zu den Photonenexperimenten keine lokale Verbindung gibt, muss zwischen dem Bewusstsein des menschlichen Senders und dem des Empfängers die Verbindung ausschließlich über das Vakuum erfolgen. Daraus folgt eine Wechselwirkung zwischen dem menschlichen Bewusstsein und den Raumpunkten im Vakuum, die zumindest primäres Bewusstsein besitzen. Nichts beweist, dass die Gehirnfunktion Bewusstsein tatsächlich erzeugt. Das lässt sich erklären, wenn man von der Erzeugung des Bewusstseins im

Vakuum ausgeht. Ich denke, die **Gehirnfunktion zeigt nur das Bewusstsein, das in Wirklichkeit eine Funktion des Vakuums ist.**"

Der Parapsychologe Dr. Dessoir wird immer erregter, während Elisabeth Delacroix ihre Argumentationskette vorträgt. Seine Rechte streicht über Haar und Stirn. Schließlich platzt er heraus. „Es gibt viele Berichte über Nahtoderlebnisse mit unerklärlichen Phänomenen. Wenn man davon ausgeht, dass Bewusstsein keine Gehirnfunktion ist, sondern eine Funktion des Vakuums, würden sich die Phänomene erklären lassen."

„Wollen Sie uns so einen Fall schildern, Dr. Dessoir?", fragt Professor Allman.

Die Spannung weicht von Dr. Dessoir, als er anfängt zu erzählen: „Es gibt sogar eine Filmdokumentation der BBC mit dem Titel 'Begegnung mit dem Tod' aus dem Jahr 2003. Unter anderem schildert darin eine bekannte amerikanische Songschreiberin mit Namen Pam Reynolds ihre Erlebnisse während ihres todähnlichen Zustands bei der Operation einer Schlagadererweiterung in ihrem Gehirn. Sie bekam starke Schwindelgefühle und konnte nicht mehr sprechen. Die Schlagadererweiterung lag an der Gehirnbasis, sodass man mit regulären chirurgischen Methoden nicht herankam. Der sie untersuchende Neurologe machte ihr keine Hoffnung auf Heilung: Die Schlagadererweiterung sei zudem eine Zeitbombe, die mit Sicherheit bald platzen würde. Sie müsste auf jeden Fall sterben. Als letzten Ausweg entschloss Pam Reynolds sich dem Neurochirurgen Dr. Robert Spetzler anzuvertrauen. Spetzler hat Erfahrung mit dem Operations-Verfahren 'hypothermischer Herzstillstand'. Der Körper des Patienten wird dabei künstlich unterkühlt, ein Herzstillstand und damit ein tod-ähnlicher Zustand herbeigeführt. Dadurch wird es möglich auch schwer zugängliche Gehirnteile zu operieren. – Wollen Sie die Filmdokumentation aus dem Internet herunterladen und hier vorführen, Professor Allman?"

„Gerne, das dauert allerdings ein paar Minuten. Sie könnten zwischenzeitlich das Operationsverfahren etwas näher erläutern."

„Der Patient wird narkotisiert und bekommt die Augen zugeklebt. In seine Ohren werden spezielle Ohrhörer hineingesteckt für Klicktest, um Gehirnströme zu messen. Die Ohrhörer verhindern, dass der Patient irgendetwas anderes hört, außer Klicks. Schon allein deswegen kann er weder etwas sehen noch etwas hören, was um ihn herum passiert. – Normalerweise toleriert das menschliche Gehirn die Unterbrechung der Sauerstoffzufuhr für maximal drei Minuten. Danach stirbt es ab. Durch starke Unterkühlung des Körpers toleriert es die Unterbrechung jedoch länger als eine Stunde. Um die für die Operation an der Gehirnbasis notwendige Unterkühlung zu erreichen, wird eine modifizierte Herz-Lungen-Maschine eingesetzt. Das Blut wird in einem Wärmeübertrager außerhalb des Körpers abgekühlt, im Fall von Pam Reynolds auf 15,5 Grad Celsius. Nach dem Erreichen der gewünschten Temperatur unterbricht der Chirurg mit einer eiskalten Kaliumchlorid-Lösung den Herzschlag. Atmung und Gehirnwellen setzen aus, die Messinstrumente zeigen ein Nulllinien-EEG. Die Stoffwechselaktivität des Gehirns ist gestoppt. Jede registrierbare Lebensäußerung des Körpers ist eingestellt. Dieser befindet sich in einem todähnlichen Zustand."

Professor Allman hat die Filmdokumention geladen und spult vor, bis die Szenen mit Pam Reynolds erscheinen.

Pam Reynolds erzählt: „Ich erinnere mich nicht an einen Operationssaal [...]

Dr. Dessoir kommentiert: „Sie war also nicht mehr bei Bewusstsein, als sie in den Operationssaal gebracht wurde."

Pam Reynolds: [...] weiß ich absolut nichts mehr bis zu diesem Geräusch. [...] Es erinnerte mich an eine

Zahnarztpraxis. [...] Ich erinnere, dass ich oben aus meinem Kopf irgendwie heraussprang. Und dann sah ich einen Körper. Es war mein Körper. [...] Mein Aussichtspunkt befand sich irgendwie auf der Schulter des Arztes. Ich erinnere [mich an] das Instrument in seiner Hand. Es sah aus wie der Griff meiner elektrischen Zahnbürste. Ich hatte angenommen, dass sie den Schädel mit einer Säge öffnen würden [...] aber was ich hier sah, erinnerte mich mehr an eine Bohrmaschine. Da waren sogar verschiedene kleine Bohrer in einem Kasten [...]."

Dr. Dessoir: „Später in der Dokumentation wird Dr. Spetzler aussagen, dass Pam Reynolds die verwendeten Geräte nicht sehen konnte, als sie in den Operationssaal gebracht wurde, auch wenn sie vielleicht noch nicht vollständig eingeschlafen war. Die Geräte bleiben grundsätzlich zugedeckt oder eingepackt, bis sie verwendet werden. Das sei notwendig, um die Sterilität zu gewährleisten. Wenn sie verwendet werden, ist der Patient längst vollständig eingeschlafen. – Ich selbst meine, die Augen von ihr waren zugeklebt, wie sollte sie da etwas gesehen haben? – Auch in ihrer Fantasie konnte sie sich wohl kaum das einer Zahnbürste ähnelnde Aussehen der Säge vorstellen, da selbst kommentierende Fachleute, wie der nachfolgend auftretende Dr. Michael Sabom keine Ahnung hatten, wie eine Knochensäge zur Öffnung der Schädeldecke aussieht. Dr. Sabom ließ sich ein Foto vom Hersteller des Geräts schicken und erkannte erst danach, dass die Säge tatsächlich einer elektrischen Zahnbürste ähnelt."

Pam Reynolds weiter: „Und ich erinnere mich deutlich, dass ich ein Frauenstimme sagen hörte: 'wir haben ein Problem, ihre Arterien sind zu eng'. Es schien von weiter unten am Tisch zu kommen. Ich wunderte mich darüber, weil es doch eine Gehirnoperation war. Aber sie hatten

einen Zugang zu den Oberschenkelarterien gelegt, um
das Blut abzulassen."

Dr. Dessoir: „Es gab keine Möglichkeit Gespräche über ihr
Gehör wahrzunehmen, da ihre Ohren zugestöpselt waren! – Dr.
Sabom hat die Operationsprotokolle analysiert und mit Dr.
Spetzler, dem leitenden Chirurgen gesprochen. Er sagt, dass
Reynolds Aussage sehr genau dem tatsächlichen Geschehen ent-
sprach und sie sich präzise an ein Gespräch zwischen Dr. Spetzler
und der Herz- und Gefäßchirurgin erinnern konnte, die eine Ar-
terie öffnen musste, um sie an die Herz-Lungen-Maschine anzu-
schließen. – Ich wiederhole, in dieser Phase der Operation kann
kein Patient etwas beobachten oder hören!"

> *Pam Reynolds: „[...] da sah ich das stecknadelkopfgroße*
> *Licht. Das Licht begann mich anzuziehen. [...] Ich ging*
> *auf das Licht zu. Je näher ich dem Licht kam, umso mehr*
> *erkannte ich verschiedene Leute und ich hörte deutlich*
> *meine Großmutter nach mir rufen. [...] ich ging*
> *unverzüglich zu ihr. Es war ein großartiges Gefühl. [...]"*

„Weniger interessant für unseren naturwissenschaftlich orien-
tierten Lehrgang!" murmelt Dr. Dessoir und fährt lauter fort:
„Würden Sie den Film ein wenig vorspulen, Professor Allman?"
Professor Allman führt aus, worum er gebeten wurde.

> *Pam Reynolds: „Irgendwann wurde ich daran erinnert,*
> *dass es Zeit wäre, zurückzugehen. [...] Ich sah den*
> *Sprung in den Körper [...]"*

Professor Allman stoppt die Filmdokumentation. „Ich glaube
wir haben genug gesehen, um darüber diskutieren zu können."
Sein Blick sucht nach Handzeichen der Teilnehmer, die etwas sagen möchten. Schließlich fällt sein Blick auf Dr. Alfred Schleich,

Abbildung 21: Hyronimus Bosch; Der Flug zum Himmel; um 1500; Ort: Dogenpalast in Venedig

einem Anästhesisten der Skeptikerbewegung. Dieser ist im Augenblick der Einzige, der sich meldet. Zögernd fragt Professor Allman: „Ja, Dr. Schleich, was wollen Sie sagen?"

„Ich gehöre der Vereinigung der Skeptiker an. Wir haben uns auf die Fahnen geschrieben, völlig unvoreingenommen alle pseudo- und parawissenschaftliche Theorien zu entlarven. Aufgrund meiner 20-jährigen Berufserfahrung als Anästhesist bin ich der Ansicht, dass die Patientin während der Operation mehrmals bei Bewusstsein war. Ihre Eindrücke kamen durch eine Vermischung von tatsächlichen Wahrnehmungen mit den Auswirkungen der starken Medikation zustande. Es handelt sich also um ein ganz normal erklärliches Phänomen, das hier in diesem Lehrgang nichts zu einer Vakuumtheorie beitragen kann. Wir sollten deshalb zum nächsten Thema übergehen."

Professor Allman überhört die Aufforderung des berufsmäßigen Skeptikers, das Thema zu wechseln und hakt an anderer Stelle ein. „Ich habe aus Ihren Worten herausgehört, dass Sie die dokumentierten Fakten nicht anzweifeln. Sie möchten die Fakten nur als einen ganz normalen Vorgang erklärt sehen. Ist das richtig, Dr. Schleich?"

„So ist es, Professor Allman!"

„Ihrer Ansicht nach hatte die Patientin zumindest teilweise bewusste Wahrnehmungen ihrer Umgebung. Weitere Eindrücke wurden bei ihr durch die starke Medikation verursacht?"

„Ja, sicher. – Bei oberflächlicher Betrachtung wirkt die Geschichte wie der Beweis für ein Leben nach dem Tod. Aber sie beweist gar nichts!"

„Danke für Ihren Beitrag, Dr. Schleich. Ich bin ebenfalls der Ansicht, dass die Fakten der Dokumentation nicht ausreichen, um direkt und ohne Hinzuziehung weiterer Argumente, ein Leben nach dem Tod zu beweisen. Was den Fall dennoch interessant macht, ist die Tatsache, dass die Geschichte unter medizinischer Aufsicht während einer vollständig protokollierten Operation geschah. Deshalb lassen sich bestimmte Fakten nicht einfach wegdiskutieren. Welche Fakten sind das?"

Professor Allman erhält Wortmeldungen. Aus diesen formt er zwei Aussagen, die er in den Raum projiziert:

- Bewusste, optische Wahrnehmung der Operationsinstrumente trotz zugeklebter Augen

- Bewusste, akustische Wahrnehmung der Gespräche des Operationsteams trotz schalldicht zugestöpselter Ohren

„Es fand also eine Wechselwirkung zwischen dem Geschehen im RZU, d. h. Operationssaal und dem Bewusstsein der Patientin statt", fasst Professor Allman zusammen und stellt dann die entscheidende Frage: „Handelt es sich um eine lokale Wechselwirkung wie bei der Betrachtung eines Fernsehfilms vom Sessel aus?"

„Nein, das war sicher keine lokale Wechselwirkung!", antwortet Dr. Dessoir und schüttelt den Kopf.

„Und warum nicht?", möchte Professor Allman wissen.

„Das ist doch klar: Nur die Sinnesorgane hätten eine lokale Wechselwirkung zwischen dem äußeren Geschehen und dem Bewusstsein der Patientin vermitteln können. Aber die Patientin konnte mit ihren Sinnesorganen weder etwas sehen noch etwas hören."

Professor Allman ist zufrieden: „Also gut, wenn es keine lokale Wechselwirkung war, dann bleibt als Alternative nur eine nichtlokale Wechselwirkung. – Erinnern Sie sich übrigens daran, wo wir im Lehrgang schon einmal eine nichtlokale Wechselwirkung besprochen hatten?"

„Die 'spukhafte Fernwirkung' beim Zwei-Photonen-Experiment!", ruft jemand aus den hinteren Reihen nach vorne.

„Richtig!", freut sich Professor Allman. „Wir haben außerdem ein mathematisches Modell aufgestellt, um den Zusammenhang von lokalen und nichtlokalen Wechselwirkungen zu verdeutlichen. Wer erinnert sich, welches Modell das war?"

„Das Kontinuums-Modell Abbildung 13!", schallt es von den Teilnehmern zurück.

„Gut! Dann schauen Sie sich dieses Kontinuums-Modell noch einmal genau an und beantworten dann die folgende Frage: Wo muss der Ursprung des Bewusstseins der Patientin liegen, damit es in eine nichtlokale Wechselwirkung mit dem RZU, d. h. dem Operationssaal treten kann?"

Im Saal raschelt es. Die Teilnehmer blättern in ihren Unterlagen. Kurze Zeit später diskutieren sie leise miteinander. Nach und nach setzt sich eine Meinung durch. Dr. Dessoir meldet sich. Nach Professor Allmans Aufforderung berichtet er.

„Wir sind der Meinung, dass der Ursprung des Bewusstseins der Patientin das Vakuum ist!"

„Können Sie das begründen?"

„Ja! – Es gibt zwei Theorien. Nach der ersten Theorie ist das Gehirn der Patientin der Ursprung des Bewusstseins. Für eine Wechselwirkung zwischen den zwei Orten A und B im RZU werden dann zwei nichtlokale Verbindungen, d. h. Wechselwirkungen mit dem Vakuum, benötigt. – Nach der zweiten Theorie ist das Vakuum der Ursprung des Bewusstseins. In diesem Fall wird während der Operation nur eine Wechselwirkung benötigt, nämlich zwischen dem RZU und dem Vakuum. Weil nach dem wissenschaftlichen Prinzip von 'Ockhams Rasiermesser' bei zwei Theorien, die den gleichen Sachverhalt erklären, die einfachere zu bevorzugen ist, haben wir uns für die zweite Theorie entschieden. **Der Ursprung des Bewusstseins ist das Vakuum.** Das passt übrigens mit den Erkenntnissen zusammen, die wir im Lehrgang schon vorher gewonnen hatten, und bestätigt noch einmal ihre Richtigkeit."

„Wunderbar!", freut sich Professor Allman. „Während einer Operation ist also der Ursprung des Bewusstseins das Vakuum. Wie sieht es nach der Operation aus, wenn der Patient aufwacht. Wechselt da das Bewusstsein seinen Ursprungsort ins Patientengehirn?"

Dr. Dessoir zeigt sich verblüfft. Dann muss er lachen. „Nein, sicher nicht! Auch hier lässt sich Ockhams Rasiermesser anwenden. Die einfachste Erklärung ist die richtige! Das Bewusstsein bleibt, wo es ist, nämlich im Vakuum. Das Gehirn dient praktisch als Empfänger. Es zeigt Bewusstsein, ist aber nicht dessen Ursprung."

„Dem kann ich nicht viel hinzufügen", bestätigt Professor Allman. „Bevor wir uns jedoch dem nächsten Thema zuwenden, möchte ich das, was wir an neuen Erkenntnissen über das Vakuum und das Bewusstsein gewonnen haben, dazu benutzen, die Eigenschaften neu zu formulieren." Während er auf der Computertastatur eintippt und dazu spricht, wirft der Beamer den Text in den Raum:

Erkenntnisse über das Bewusstsein

- Wir wissen, dass die Raumpunkte des Vakuums Informationsspeicher sind. Der Informationsspeicher wird nicht durch Materie, sondern durch eine Energieart realisiert. Diese Energieart ist die Vakuumenergie. Die Information des Speichers ist Teil des Bewusstseins. Vergleiche hierzu Abbildung 16. Das Bewusstsein ist deshalb das Umfassende, des Primäre. Es enthält Energie und Information. Da es nach unserem Kenntnisstand nichts anderes enthält, ist es mit Energie und Information gleichzusetzen.
  Daraus folgt: **Bewusstsein ist eine Energieart.**

- Das Vakuum ist ein topologischer Raum ohne Metrik (Entfernungen spielen keine Rolle). Die Raumpunkte des Vakuums enthalten Bewusstseinseinheiten unterschiedlicher Größe. Es gibt kleine Einheiten von primärem Bewusstsein im Zusammenhang mit Quanteneffekten oder die sicherlich größeren Einheiten, die menschlichem Bewusstsein zugeordnet werden können.

- Die Bewusstseinseinheiten stehen durch eine metrikfreie, d. h. nichtlokale Wechselwirkung untereinander und mit dem Geschehen im Raum-Zeit-Universum in Verbindung.

„Zusammenfassend kann man sagen: Information mag der fundamentale Baustein des Raum-Zeit-Universums sein, aber ich möchte Ihnen eine andere wichtige Erkenntnis in den Feierabend mitgeben."

Professor Allman notiert den folgenden Satz handschriftlich auf einer Folie und projiziert ihn:

BEWUSSTSEIN IST DER FUNDAMENTALE BAUSTEIN VON ALLEM WAS EXISTIERT.

„Die Erkenntnis folgt erstens aus dem Umstand, dass Bewusstsein die Information enthält, aus der das Raum-Zeit-Universum gebaut ist. Zum Zweiten folgt die Erkenntnis aus dem Umstand, dass die Energie des Vakuums für die Entstehung von Materie verantwortlich ist. Denken Sie nur an Einsteins berühmter Formel über die Äquivalenz von Energie und Masse! Diese Energie muss gleich gesetzt werden mit Bewusstsein, da Bewusstsein die Energieart des Vakuums ist." Mit den abschließenden Worten: „Ruhen Sie sich gut aus, damit Sie morgen wieder in alter Frische teilnehmen können", verabschiedet er sich.

Das wahre Gesicht der Wirklichkeit

Das Geheimnis besteht darin,
dass ich in jedem Augenblick ein
anderer und doch immer derselbe bin.
Dass ich immer derselbe bin,
bewirkt mein Bewusstsein; dass ich
in jedem Augenblick ein anderer bin,
bewirken Raum und Zeit.

Leo N. Tolstoi, Tagebücher (1906)

Donnerstag, der 5. Juni

Der Philosoph Dr. Maupertius stützt seinen Kopf mit der Hand, als sei der noch müde von der letzten Nacht. „Was mich jetzt doch interessieren würde, Professor Allman: Ändert sich durch die gestern neu gewonnene Erkenntnis unsere Vorstellung von Raum und Zeit?"

„Ja, ganz gewaltig, kann ich nur sagen, Dr. Maupertius! – Sie werden sehen, dass die Zeit nur eine Illusion ist und für den Anschauungsraum so wie wir ihn alltäglich erleben, gilt das gleiche. Aber lassen Sie es uns langsam angehen. Für die Nichtphysiker unter den Anwesenden möchte ich gern einige wesentliche Punkte unserer derzeitigen Vorstellung von Raum und Zeit ansprechen, bevor ich Ihnen zeige wie das wahre Gesicht der Wirklichkeit aussieht. – Professor Geiger, können Sie uns etwas zu dem Michelson-Morley-Experiment sagen, dessen unerwarteter Ausgang vor 1905 als unerklärliches Phänomen galt?"

„Gerne! – Das Michelson-Morley-Experiment ist eines der bedeutendsten Experimente in der Geschichte der Physik", antwortet Professor Geiger nicht ohne Stolz. „Michelson führte es erstmals 1881 durch, Morley dann um 1887 in verfeinerter Form. Man nahm damals an, der Weltraum sei mit Äther gefüllt. Das Experiment sollte die Relativgeschwindigkeit, mit der sich die Erde durch den Äther bewegt, messen. Michelson und Morley glaubten, die Erde würde sich im Äther ähnlich verhalten, wie ein Fußball in der Luft und einen nachweisbaren 'Ätherwind' erzeugen. – Stellen Sie sich einen Schwimmer im Fluss vor! – Die Auswirkung des Ätherwindes auf Lichtwellen sollte genauso sein, wie die Auswirkung der Strömung auf diesen Schwimmer, der einmal flussaufwärts und flussabwärts schwimmt. Flussaufwärts ist der Schwimmer langsamer als flussabwärts. Mit Hilfe einer raffinierten Versuchsanordnung, dem Michelson-Interferometer, brauchte man deshalb nur die Lichtgeschwindigkeit sowohl in Richtung des Ätherwinds als auch senkrecht dazu zu messen. Aus der Differenz beider Geschwindigkeiten wollte man den Ätherwind berechnen."

„Und wie war das Ergebnis, Professor Geiger?", fragt Professor Allman mit erwartungsvollem Lächeln.

„Das Ergebnis der Messung war eine große Überraschung. Egal was man anstellte, in welcher Richtung man auch die Lichtgeschwindigkeit maß, es gab keine Differenz. Die Lichtgeschwindigkeit war in jeder Richtung gleich. Obwohl sich die Erde mit etwa 30 km/Sekunde um die Sonne bewegt und schon dadurch die Lichtgeschwindigkeit in Bahnrichtung hätte anders sein müssen, als in Gegenrichtung, konnte kein Unterschied festgestellt werden. Man glaubte an Messfehler und wiederholte die Messungen immer wieder. Immer das gleiche Ergebnis: **Die Lichtgeschwindigkeit ist konstant!**"

„Damals war das ein unerklärliches Phänomen. Wer und wann führte es einer Erklärung zu?"

„Albert Einstein veröffentlichte 1905 seine spezielle Relativitätstheorie. Diese konnte das Ergebnis erklären. Die alte Ätherhypothese wurde überflüssig."

„Welche Bedeutung hat denn die Relativitätstheorie?"

„Die Relativitätstheorie hat das Verständnis von der Welt revolutioniert. Die spezielle Relativitätstheorie beschreibt wie sich Raum und Zeit verhalten aus der Sicht von Beobachtern, die sich relativ zueinander bewegen. – Relativitätstheorie und Quantentheorie sind heute die beiden Säulen des Theoriengebäudes der Physik. Leider ist es bisher nicht gelungen, die beiden Theorien in eine einzige zu vereinen."

„Da habe ich ja Chancen, dass meine Theorien über das Vakuum und das Bewusstsein diese Vereinigung herbeiführt", lächelt Professor Allman verschmitzt. „Was sind denn die Aussagen der speziellen Relativitätstheorie?"

„Wir müssen intuitive Vorstellungen von einem absoluten Raum und einer absoluten Zeit aufgeben. Raum- und Zeitangaben sind in der Relativitätstheorie nicht universell gültig. Räumliche und zeitliche Abstände von Ereignissen und damit auch ihre Gleichzeitigkeit werden von Beobachtern mit verschiedenen Bewegungszuständen unterschiedlich beurteilt, ohne dass man sagen könnte, einer dieser Beobachter habe recht. Bewegte Objekte erscheinen dem ruhenden Beobachter in Bewegungsrichtung verkürzt, und die Zeit scheint langsamer zu vergehen. Das erste Phänomen bezeichnet man als Längenkontraktion, das zweite als Zeitdilatation."

„Das ist doch alles nur graue Theorie oder Science-Fiction ...", unterbricht Johanna Balthasar ärgerlich, „... und hat keinerlei Bedeutung im Alltag! Die Raser auf der Autobahn erscheinen mir jedenfalls nicht verkürzt, höchstens deren Geist."

Einige Teilnehmer fühlen sich erheitert und lachen leise.

„Täuschen Sie sich nicht!", antwortet Professor Geiger ruhig. „Ich bin sicher Professor Allman wird gleich den Beweis bringen, wo die Relativitätstheorie unseren Alltag betrifft!"

„Ja gleich!", antwortet Professor Allman. „Aber vorher möchte ich anhand von Diagrammen zeigen, warum es zu der Verkürzung von Längen bei den bewegten Objekten kommt und warum die Zeit langsamer vergeht." Er projiziert ein Minkowskidiagramm in der Art, wie es 1908 von Hermann Minkowski entwickelt wurde, um die Eigenschaften von Raum und Zeit in der speziellen Relativitätstheorie zu veranschaulichen.

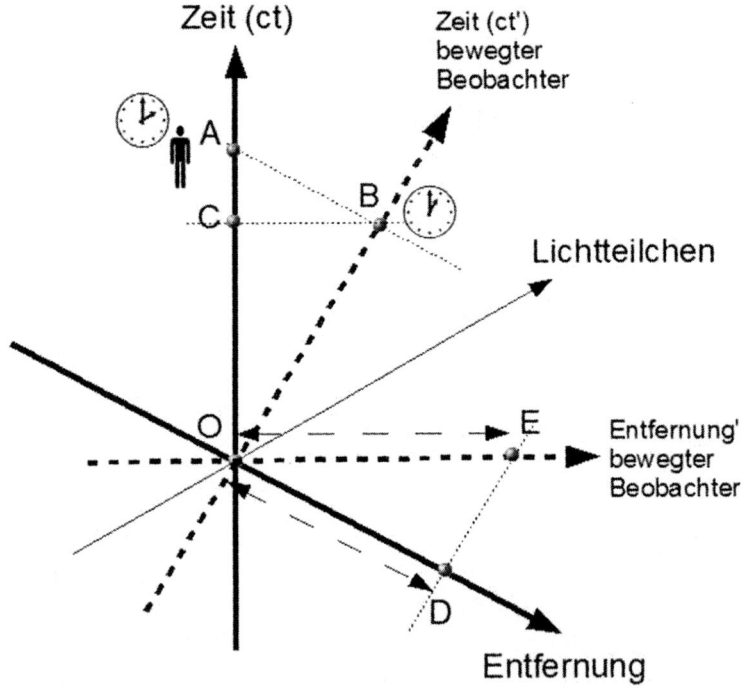

Abbildung 22: Minkowski-Diagramm zur Veranschaulichung der Zeitdilatation und Längenkontraktion. Für den Beobachter in A scheint die bewegte Uhr in B langsamer zu laufen. Die von ihm festgestellte Länge OD für den bewegten Maßstab OE ist kürzer.

Professor Allman erklärt: „Das Basisdiagramm ist ein einfaches Weg-Zeit-Diagramm mit den beiden Achsen Entfernung und Zeit. Um für die Darstellung der Verhältnisse in der allgemeinen Relativitätstheorie besser geeignet zu sein, verwendet man als Zeitachse die mit der Lichtgeschwindigkeit c multiplizierte Zeit ct. Ein Lichtteilchen, das immer die konstante Lichtgeschwindigkeit c besitzt, bewegt sich auf der Winkelhalbierenden zwischen den beiden Achsen. Ein bezüglich dieses Koordinatensystems ruhender Beobachter A, entfernt sich vom Nullpunkt nicht in Richtung der Entfernungsachse, sondern mit fortschreitender Zeit in Richtung der Zeitachse. Die Linie eines bewegten Beobachters B ist die gestrichelte Achse, die zwischen der Achse des Lichtteilchens und der Zeitachse ct liegt."

„Warum haben Sie noch eine gestrichelte Entfernungsachse eingezeichnet, Professor Allman? In einem normalen Weg-Zeit-Diagramm gibt es doch nur eine einzige Entfernungsachse!", wendet die Bewusstseinsforscherin Professor Delacroix ein.

„Wie bereits festgestellt wurde, ist die Lichtgeschwindigkeit immer konstant, also auch für den bewegten Beobachter. Wenn ich für den ruhenden Beobachter ein Lichtteilchen auf der Winkelhalbierenden zwischen den beiden Achsen einzeichne, dann muss für den bewegten Beobachter das gleiche Lichtteilchen ebenfalls auf der Winkelhalbierenden liegen. Das ist, wie man leicht erkennen kann, nur möglich, wenn der bewegte Beobachter eine eigene Entfernungsachse, nämlich die gestrichelt eingezeichnete besitzt. – Eine Verständnisfrage an Sie, meine Damen und Herren: Auf welcher Geraden, müssen alle Ereignisse liegen, die der Beobachter in A als gleichzeitig interpretiert?"

Dr. Krates ist schneller als die anderen Zuhörer: „Auf einer Parallelen zur Entfernungsachse durch den Punkt A! – Aber warum haben Sie den bewegten Beobachter ebenfalls auf dieser Parallelen eingezeichnet?"

„Weil das aus der Sicht von A die langsamer laufende Uhr im bewegten System verdeutlicht! – Vergleichen Sie mal die Zeitstrecke OA mit OB! Welche ist kleiner?"

Dr. Krates braucht nicht lange zu überlegen: „Die Zeitstrecke OB ist kürzer!"

„Da haben Sie es! – Die Uhr des bewegten Beobachters scheint für A langsamer zu laufen! – Das ist die Zeitdilatation! – Umgekehrt glaubt B, die Uhr des angeblich ruhenden Beobachters wäre erst in C angelangt, sie sei es also, die langsamer laufen würde. Jeder meint die Uhren des Anderen gingen langsamer. Wer von beiden recht hat, kann man nicht entscheiden. Die Frage danach ist sinnlos."

„Hängen die Punkte D und E ebenfalls mit so einer paradoxen Situation zusammen?", möchte Elisabeth Delacroix wissen.

„Ganz richtig, es geht dabei um die Längenkontraktion. Doch hier habe ich aus Vereinfachungsgründen nur eine Kontraktion eingetragen. Ein bewegter Beobachter B führt einen Maßstab der Länge OE mit sich. Für den angeblich ruhenden Beobachter A hat dieser die kleinere Länge OD."

Johanna Balthasar räsoniert: „Ich kann nur wiederholen: Alles graue Theorie, die nichts mit der Realität zu tun hat!"

„Keineswegs! – Das folgende Bild beweist die Bedeutung der Relativitätstheorie für unseren Alltag!", antwortet Professor Allman ruhig und überlegen. Er projiziert das Bild eines GPS-Satelliten, der zur Positionsbestimmung benötigt wird (Abbildung 23). „Wer kann mir sagen, weshalb hier die Relativitätstheorie berührt wird?"

Der Informatiker Paul Aiken weiß die Antwort: „GPS-Satelliten senden ständig ihre sich ändernde Position und die Uhrzeit ihrer extrem genauen Atomuhren. Daraus können GPS-Empfänger auf der Erde die eigene Position berechnen. Nun sind Satelliten bewegte Objekte, die mit hoher Geschwindigkeit auf einer

Abbildung 23: NAVSTAR-Satellit der zweiten Generation zur Positionsbestimmung

Bahn um die Erde kreisen. Obwohl die Atomuhren im Satelliten extrem genau sind, laufen sie wegen der Zeitdilatation langsamer als die gleichen Uhren auf der Erde. Die ausgesendeten GPS-Daten würden in kürzester Frist unbrauchbar werden, wenn sie nicht mithilfe der Formeln zur Relativitätstheorie korrigiert würden."

„Damit ist die Zeitdilatation empirisch nachgewiesen!", freut sich Professor Allman. „Für die Längenkontraktion gibt es auch einen empirischen Nachweis. Man hat Myonen auf Meereshöhe gefunden. Die sehr kurzlebigen und fast lichtschnellen Myonen, die in den oberen Schichten der Atmosphäre durch den Aufprall kosmischer Strahlung erzeugt werden, müssten längst zerfallen sein, bevor sie die Meeresoberfläche erreichen. Doch wegen der erheblichen Längenkontraktion nahe der Lichtgeschwindigkeit, erscheint der Weg zur Erdoberfläche stark verkürzt. Deshalb findet man diese Myonen tatsächlich noch auf Meereshöhe."

„Sie sollten an dieser Stelle den Begriff der Raumzeit erwähnen, Herr Kollege!", meint Professor Geiger gutmütig.

„Gut! – In einer dreidimensionalen Welt wäre Zeitdilatation und Längenkontraktion unmöglich. Die Welt muss dafür vierdimensional sein und zusätzlich zu den drei Raumdimensionen eine Zeitdimension besitzen. Nun ist es aber so, dass Raum und Zeit in den Grundgleichungen der Relativitätstheorie gleichwertig nebeneinander erscheinen. Es gibt keinen wesentlichen Unterschied zwischen Raum und Zeit. Deshalb haben Physiker für unsere vierdimensionale Welt den Begriff **Raumzeit** geprägt. Wir wollen in Zukunft weder Raum-Zeit-Universum noch RZU sagen, sondern Raumzeit oder Raumzeit-Universum. Ich meine, die Raumzeit zwingt uns zu einer völlig neuen Vorstellung, wie Objekte im vierdimensionalen Raum aussehen. Ich weiche nun ab, von der derzeit noch vorherrschenden Ansicht und möchte meine Sicht der Dinge durch zwei Diagramme veranschaulichen."

„Das linke Diagramm (Abbildung 24) zeigt die Verhältnisse im dreidimensionalen Raum. Es ist ein normales Weg-Zeit-Diagramm für ein würfelförmiges Objekt. Die Zeit gehört nicht zum Raum, deshalb stellt das Diagramm die **zeitliche Entwicklung** dar.

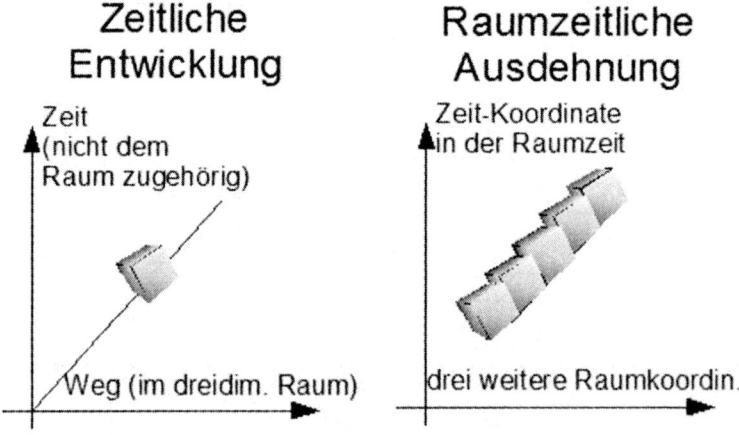

Abbildung 24: Zeitliche Entwicklung und raumzeitliche Ausdehnung

– Das rechte Diagramm soll die Verhältnisse im vierdimensionalen Raum verdeutlichen. Die Zeitkoordinate gehört hier zum Raum. Es gibt deshalb keine zeitliche Entwicklung, sondern eine **raumzeitliche Ausdehnung**. Ich möchte, dass Ihnen der Unterschied klar wird. – Im dreidimensionalen Anschauungsraum gibt es auch keine Entwicklung von zweidimensionalen Würfelflächen. Der Würfel ist dreidimensional komplett in seiner Ausdehnung. Genauso komplett in seiner vierdimensionalen Ausdehnung muss der Würfel und natürlich jedes Objekt in der vierdimensionalen Raumzeit sein."

Dr. Krates wiegt seinen Kopf hin- und her: „Wie kommt es dann, dass uns so ein Würfel nicht in seiner raumzeitlichen Ausdehnung bewusst wird? – Wir sehen den Würfel vielmehr in seiner zeitlichen Entwicklung."

„Haben Sie noch einen Augenblick Geduld, Dr. Krates! Ich möchte das Vorherige erst fertig erklären. – **Raumzeitliche Ausdehnung bedeutet, dass ein Objekt alle seine Eigenzustände enthält.**"

Der Physiker Dr. Helmholtz schreckt wie elektrisiert hoch: „Das trifft auf Quanten zu! Diese enthalten alle ihre Eigenzustände, bevor sie gemessen werden, sich für einen entscheiden und dann real werden. Ich denke an die vertikal und horizontal polarisierten Photonen, die beide Zustände enthalten, bevor sie sich im PBS-Strahlenteiler für einen entscheiden müssen."

„Bei Quanten ist die raumzeitliche Ausdehnung vor der Dekohärenz ganz offensichtlich. Doch auch nach der Dekohärenz haben sie raumzeitliche Ausdehnung, auch wenn das dann nicht mehr so offensichtlich ist. Und selbstverständlich sind alle Objekte raumzeitlich ausgedehnt."

„Gibt es weitere einsichtige Beispiele, an denen man die raumzeitliche Ausdehnung leicht erkennen kann?", fragt Edward Michelson.

Professor Allman überlegt kurz, bevor er antwortet: „Ein Filmstreifen ist in gewisser Weise ein raumzeitlich ausgedehntes Bild, denn man kann den Filmstreifen als ein Objekt interpretieren, das alle Eigenzustände eines Bildes enthält."

„Was hat das für Folgen, wenn alle Objekte raumzeitlich ausgedehnt sind?", möchte Michelson weiter wissen.

„Als Ganzes gesehen, sind die Objekte in ihrer raumzeitlichen Ausdehnung statisch. Es erfolgt keine zeitliche Entwicklung. Zeit, als ein fließendes Etwas gibt es nicht. **Zeit ist eine Illusion.** Beispielsweise ist ein Filmstreifen als Ganzes gesehen statisch. Da bewegt sich nichts!"

Dr. Krates kommt hartnäckig auf seine vorher gestellte Frage zurück. Er formuliert allerdings neu. „Dann möchte ich doch zu gerne wissen, warum Sie sich vor uns bewegen, Professor Allman?"

„Weil Bewusstsein ins Spiel kommt, Dr. Krates, nämlich Bewusstsein mit einem dreidimensionalen Fokus auf das Raumzeit-Universum. – Die spezielle Relativitätstheorie setzt Bewusstsein voraus in Form des bewussten Beobachters, der sich mit konstanter Geschwindigkeit bewegt. Dieser ominöse Beobachter hat die Formeln beeinflusst. Ohne den Beobachter wäre die Relativitätstheorie sinnlos und die Physik würde eines ihrer beiden Standbeine verlieren. Sie würde womöglich wanken und auf die Nase fallen."

„Der Himmel möge das verhüten!", murmelt Professor Geiger erschrocken.

Professor Allman hat es gehört: „Keine Sorge, Professor Geiger, die Relativitätstheorie bleibt uns erhalten. Wir haben vorher gesehen, dass Bewusstsein keine Funktion unseres Gehirns ist. Damit ist es auch nicht statisch in der vierdimensionalen Raumzeit verankert. Als eine Funktion des Vakuums liegt es außerhalb. Über einen Empfänger innerhalb der Raumzeit, nämlich dem Gehirn, steht es in Wechselwirkung mit den Objekten und hat seinen dreidimensionalen Fokus auf diese. Der Fokus wechselt in einer bestimmten Folge. Das Bewusstsein interpretiert die Folge als fließende Zeit. Das kann man sich ähnlich einem Filmstreifen vorstellen, der vorgeführt wird. In einem Augenblick sieht man immer nur ein Bild auf das ein nächstes Bild folgt und so fort. So kommt Leben in eine ansonsten statische Welt!"

Dr. Krates bleibt skeptisch: „Bedeutet eine statische Welt nicht, dass Vergangenheit, Gegenwart und Zukunft fest liegen? – Das Bewusstsein wäre dann nur der Beobachter eines unveränderlichen Films."

Professor Allman lächelt: „Um bei dem Gleichnis Film zu bleiben: Wenn das Bewusstsein keine freie Entscheidungsmöglichkeit hätte und es sich nicht den Film aussuchen könnte, dann wäre es in der Tat so, dass neben der Vergangenheit auch Gegenwart und Zukunft festliegen. Es gäbe nur einen einzigen großen Film."

„Ist es denn nicht so?"

„Haben Sie schon einmal von der Viele-Welten-Theorie gehört, Dr. Krates?"

„Nein, das gehört nicht zu meinem Fachgebiet Philosophie!"

„Gut, dann soll es Ihnen ein Physiker erklären!"

„Das übernehme ich gern!", meldet sich Dr. Helmholtz. „Grob gesagt, spaltet sich nach der Viele-Welten-Theorie das Raumzeit-Universum in zwei, wenn eine Messung vorgenommen wird oder eine Beobachtung stattfindet. Erinnern Sie sich an den PBS-Strahlteiler beim Zwei-Photonen-Experiment? – Das Photon muss sich am Strahlteiler entscheiden, ob es senkrecht oder waagrecht polarisiert herauskommen will. Das Ergebnis lässt sich nicht vorhersagen. Es ist reiner Zufall. Nach der Viele-Welten-Theorie erzeugt die Spaltung ein Universum, in dem das Photon senkrecht und ein zweites in dem es waagrecht polarisiert herauskommt. Beide Universen sind in gewisser Weise parallele, nebeneinander bestehende Wirklichkeiten. Der Beobachter teilt sich ebenfalls auf. Jeder Beobachter sieht natürlich nur eine Wirklichkeit. Da ununterbrochen viele solcher Prozesse stattfinden, in denen sich ein Quant entscheiden muss, gibt es eine enorme Menge gleichzeitig existierender Universen."

„Wer hat sich denn so etwas ausgedacht?", wundert sich Dr. Krates.

„Die Theorie ist eine Interpretation der Quantenmechanik und ihrer Experimente, wie dem Zwei-Photonen-Experiment. Sie geht auf Hugh Everetts zurück. Der Ausdruck 'viele Welten' stammt von Bryce DeWitt, der das Thema ausführlicher behandelte als Everetts. Mathematisch und physikalisch gesehen ist die Viele-Welten-Theorie einfacher, als alle anderen Erklärungen des quantenmechanischen Phänomens der Dekohärenz, d.h. dem Vorgang, der Quanten einen realen Zustand annehmen lässt. Nach dem Prinzip von Ockhams Rasiermesser ist die Viele-Welten-Theorie deshalb vorzuziehen."

„Gut, es gibt also nicht nur einen großen Film, sondern unendlich viele!", resümiert Dr. Krates. „Aber kann sich das Bewusstsein frei für einen Film entscheiden und das immer wieder?"

Professor Allman nickt. „Das wird unser Thema morgen sein! – Für heute ist der Kopf genug belastet. Ich wünsche Ihnen einen schönen Feierabend."

Antworten auf Grundfragen unseres Seins

Das Sein wird in seinem Umfang
und inneren Sein vollständig erst
als ein Gewordenes erkannt.

Alexander von Humboldt, Kosmos

Freitag, der 6. Juni – letzter Tag

Der freie Wille

Der Theologe Dr. Aniane blättert in seinen Unterlagen. Plötzlich wird er bleich: „Ich hab es gewusst, wir haben keinen freien Willen!"

Professor Allman schaut ihn verwundert an: „Auch wenn im Rahmen der Quantentheorie bereits das Gegenteil erkennbar ist, würde mich interessieren, wie Sie darauf kommen, Dr. Aniane?"

Hektisch stößt Dr. Aniane Sätze aus: „Sie sagten doch selbst, dass die Welt statisch ist. Bei raumzeitlicher Ausdehnung bewegt sich nichts mehr. Zeit ist eine Illusion, die uns das Bewusstsein vorgaukelt! Vergangenheit, Gegenwart und Zukunft liegen in einem Raumzeit-Universum fest."

„Langsam, langsam, Dr. Aniane! – Beruhigen Sie sich erst einmal und schütten das Kind nicht mit dem Bade aus! – Die Vergangenheit liegt fest, das ist richtig. Eine vierdimensionale Raumzeit ist etwas Statisches, auch das ist richtig! Aber jedes Bewusstsein besitzt einen freien Willen und bestimmt seine Zukunft selbst."

„Das kann ich nicht glauben! Nicht nach alledem, was Sie uns bisher bewiesen haben, Professor Allman."

„Gut, dann fangen wir beim Begriff des freien Willens an. Was bedeutet freier Wille? – Ich würde dazu gern die Antwort eines Physikers hören!" Professor Allman blickt in die Runde.

Enrico Fechner fühlt sich angesprochen. „Wenn man Entscheidungen nicht mit Sicherheit vorhersagen kann, dann kann man diese als Manifestation eines freien Willens ansehen. Alles mit Sicherheit Vorhersehbare ist dagegen determiniert und kann nicht der Ausdruck eines freien Willens sein. Überall wo wir Physiker eine Formel für die sichere Vorhersage besitzen, waltet deshalb kein freier Wille!"

„In Ordnung Herr Fechner. – Offensichtlich sind reiner Zufall, freier Wille und nicht vorhersehbare Entscheidungen nicht determinierte Vorgänge. Alle Begriffe bezeichnen das gleiche Phänomen. Wo finden wir nun in der Physik solche nicht determinierten Vorgänge?"

„Das Ergebnis der Dekohärenz einzelner Quanten ist völlig zufällig und nicht determiniert. Wir können nicht vorhersagen, welchen realen Zustand sie einnehmen werden. Wie wir in diesem Lehrgang gesehen haben, zeigen Quanten primäres Bewusstsein. Dieses offenbart freien Willen beim Vorgang der Dekohärenz."

Professor Allman nickt zufrieden und wendet sich Elisabeth Delacroix zu. „Wie beurteilen Sie die größeren Bewusstseinseinheiten, das menschliche Bewusstsein beispielsweise? Besitzen größere Bewusstseinseinheiten auch einen freien Willen?"

Professor Delacroix lächelt: „Ich erinnere an die Verhaltensmerkmale, anhand derer wir Bewusstsein erkennen. Zu diesen Verhaltensmerkmalen gehört eines mit der Formulierung 'unvorhersehbares, vorsätzliches Verhalten'. Die Unvorhersehbarkeit, die nicht Berechenbarkeit ist eines der Merkmale von Bewusstsein. Die nicht determinierte Entscheidung ist die Voraussetzung solch eines Verhaltens. Deshalb besitzt Bewusstsein schon per Definition einen freien Willen. Wenn dem nicht so wäre, könnten wir nicht von Bewusstsein reden, wir müssten es Zombiesein nennen."

Das Auditorium und Professor Allman müssen lachen. Letzterer bestätigt und resümiert: „Sie haben den Nagel auf den Kopf getroffen! Dass Bewusstsein statt Zombiesein existiert, wurde während des Lehrgangs bewiesen. – Der freie Wille des Bewusstseins und die Aufspaltung der Raumzeit-Universen im Zusammenhang mit bewussten Entscheidungen sorgen dafür, dass für ein Bewusstsein die Zukunft nicht feststeht."

Der ergraute Philosoph Dr. Maupertius wird lebendig: „**Derjenige, der sich treiben lässt, anstatt sein Leben aktiv und mit bewussten Entscheidungen in die Hand zu nehmen, dessen Zukunft steckt fest!**"

„Ich bin kein Philosoph, Dr. Maupertius, aber Ihr Umkehrschluss scheint mir richtig zu sein!", sagt Professor Allman bedeutungsvoll. „... denn **demjenigen gehört die Zukunft, der sie aktiv angeht!**"

Der Demiurg (Welterbauer) und die Antwort auf die Frage nach dem Sinn

Dr. Aniane unterbricht das kleine philosophische Geplänkel. „Um mit Platon zu reden: Wo ist der Demiurg in ihrem Kontinuum, Professor Allman? Ich meine den Welterbauer, der alles erschaffen hat?"

„Ich glaube, dass die Welt oder das Kontinuum nicht erschaffen worden ist, Dr. Aniane. Das Kontinuum und die Raumzeit erschaffen sich selbst durch fortwährende Evolution!"

„Wie soll ich das verstehen?"

„Ich will Ihnen meine Ansicht Schritt für Schritt erklären. – Gehen wir von der Definition des Kontinuums aus. Das Kontinuum ist 'alles was existiert'. Daraus folgt: Der Demiurg ist Teil des Kontinuums und muss, wenn er der Erschaffer des Kontinuums ist, sich erst einmal selbst erschaffen haben. Die Frage, die es deshalb zu beantworten gilt, lautet: Wie kann sich etwas aus dem Nichts erschaffen? – Bei dieser Frage erkennt man die Rückbezüglichkeit: 'sich erschaffen'. – Fragen wir doch einmal die Mathematikerin Frau Dr. Anaximenes, ob sie Strukturen kennt, die sich selbst erschaffen."

„Selbstverständlich gibt es solche Strukturen! Das berühmteste Beispiel ist das Fraktal mit dem Namen 'Apfelmännchen'. Es entsteht aus der aufeinanderfolgenden Anwendung einer ganz einfachen Formel."

Professor Allman erzeugt mitten im Saal und für alle greifbar nahe eine Projektion des Apfelmännchens.

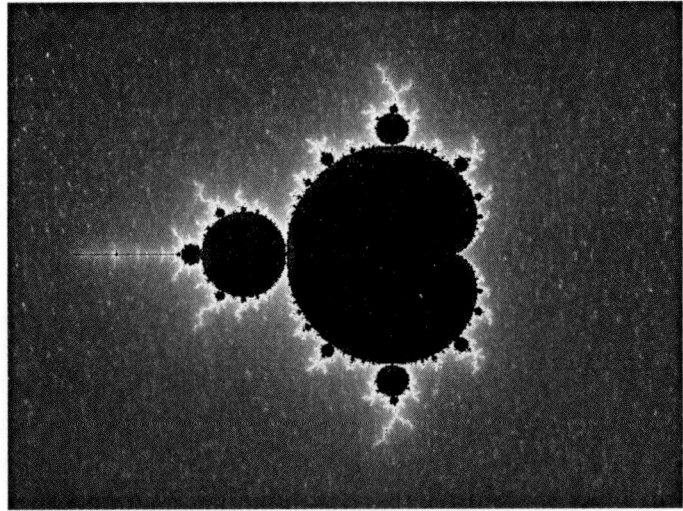

Abbildung 25: Berühmtes Fraktal (Apfelmännchen)

„Danke, Professor Allman, wenn Sie jetzt noch ein Detail von seinem Rand zeigen könnten?"

Der Physikprofessor kommt der Bitte nach.

Abbildung 26: Fünfzigtausendfach vergrößertes Detail vom Rand des Apfelmännchens

„Und wenn Sie nun die unglaublich einfache Formel zeigen, die so ein komplexes Wunderwerk praktisch aus dem Nichts durch sich selbst entstehen lässt?"

Professor Allman lässt die Teilnehmer erst über die Kunstwerke staunen und projiziert dann die einfache Formel, die zu ihrer Erzeugung führt.

$$Z \rightarrow Z^2 + c$$

Die rothaarige Mathematikerin erklärt: „Man sieht es der Formel nicht an, was in ihr steckt. Um das Bild zu bekommen, fängt man mit dem Wert Z=0 an, berechnet dann den rechten Teil, wobei c eine Konstante Zahl ist. Das Ergebnis ergibt einen Bildpunkt. Weitere Bildpunkte bekommt man, indem man das Ergebnis als neuen Wert Z nimmt und die Formel erneut berechnet. Das braucht man nur viele tausend Mal zu wiederholen und man bekommt immer mehr und immer feinere Details des Bildes. Es wird immer neue und überraschende Details von einander ähnlichen Formen geben. So entsteht ein unglaubliches komplexes Kunstwerk aus einer einfachen Formel."

„Ich sehe ein, die Formel ist sehr einfach und das Bild ist sehr komplex. Aber man braucht doch erst einmal so eine Formel. Wie kann die aus dem Nichts entstehen?", wendet Dr. Aniane ein.

Professor Allman übernimmt die Antwort. „Auch das ist kein Problem. Jeder Computeranwender hat schon einmal den Begriff Bit für die kleinste Informationseinheit gehört. Ein Bit kann eines von zwei Mustern annehmen z. B. O oder 1. Eine weitere Möglichkeit ist Nichts oder Etwas. – Für die nun folgende Argumentation kommt das ins Spiel, was Ihnen in diesem Lehrgang an neuen Erkenntnissen vermittelt wurde. – Information besteht aus den Teilen Muster und Bedeutung. Bedeutung tritt aber nur zusammen mit Bewusstsein auf. Bewusstsein ist außerdem eine Energieart. Deshalb kann man ein 'Etwas' als die Anwesenheit von elementarem Bewusstsein und Energie ansehen, während ein 'Nichts' die Abwesenheit von beidem ist. **Wenn also überhaupt etwas existiert, dann wird es sich um Kombinationen aus Nichts und Etwas handeln."**

Professor Allman hat den letzten Satz betont. Dann hält er ein paar Sekunden inne, um seine Worte wirken zu lassen, bevor er weiterredet: „Informationstechnisch gesehen handelt es sich um Bitkombinationen. Beispielsweise ist ein Byte eine Bitkombination, die aus acht Bits besteht. Ein Byte bedeutet, wie Sie sicher wissen, ein Buchstabe oder ein Zeichen. – Aus der Sicht des Kontinuums und der Vakuumtheorie sind Bitkombinationen Zusammenschlüsse der kleinsten Bewusstseinseinheiten zu größeren. Je mehr sich zusammenschließen, desto komplexer wird das Bewusstsein. Für die Formel, die das Apfelmännchen in seiner Pracht hervorbringt, bedarf es noch nicht einmal eines umfangreichen Zusammenschlusses dieser kleinsten Bewusstseinseinheiten. Es genügt ein Zusammenschluss im Umfang von sieben Byte oder 56 Bit."

„Aber ...", Dr. Anianes Kopf arbeitet auf Hochtouren, während er einen Einwand formuliert. „... so kann doch nicht Raum und Zeit entstehen!"

Professor Allman lächelt wissend: „Für einen Raum in der Art unseres Anschauungsraums benötigt man nur eine Metrik, das ist eine Formel, die zwei Raumpunkten einen Abstand zuordnet. Die Formel für die Metrik braucht nicht größer zu sein als die Formel für das Apfelmännchen. **Schon eine recht kleine Bewusstseinseinheit kann einen Anschauungsraum dadurch entstehen lassen, indem sie eine Metrik bewusst werden lässt.** – Die andere Frage, wie Bewusstsein die Zeit entstehen lässt, haben wir im Zusammenhang mit der Raumzeit diskutiert."

„Aber ...", Dr. Aniane fühlt sich unwohl. Er rutscht auf seinem Sitz hin und her. „... So kann doch nicht die ganze Pracht unseres Universums hervorgebracht worden sein."

„Jede Entscheidung bei der Dekohärenz der Quanten und jede Entscheidung eines komplexeren Bewusstseins führt nicht nur zu einer Teilung des Universums nach der Viele-Welten-Theorie, sondern auch dazu, dass das Bewusstsein mehr Information speichert und in seinem Umfang zunimmt. Entscheiden bedeutet Denken. Durch Denken wird ein Entwicklungsprozess in Gang gehalten, der das Kontinuum und mit diesem das Raumzeit-Universum immer mehr entwickelt, bis die ganze Fülle entstanden ist und sogar noch mehr. Ein anderer Begriff für Entwicklung ist Evolution. Deshalb lassen Sie mich meinen Eingangssatz wiederholen:

Das Kontinuum und die Raumzeit erschaffen sich selbst durch fortwährende Evolution.

Dr. Aniane fasst sich an den Kopf. „Aber was ist mit dem Baumeister, der alles erschaffen hat?"

„Erinnern Sie sich an Ockhams Rasiermesser, Dr. Aniane? – Ein Baumeister ist nicht nötig. Seine Einführung würde die Theorie verkomplizieren. Und was eine Theorie komplizierter macht, brauchen wir nicht, wir schneiden es einfach mit dem Rasiermesser weg."

Dr. Aniane atmet schwer. „Aber wo liegt dann der Sinn des Lebens?"

„Haben Sie schon einmal darüber nachgedacht, dass Sinn nur ein anderes Wort für Bedeutung ist? – Es ist das Bewusstsein, das Bedeutung oder Sinn gibt. – Bewusstsein entwickelt sich durch Denken und Entscheidungen. Der Sinn liegt also darin, dass Sie ein bewusstes Leben führen, denken und entscheiden und dadurch die Evolution der Welt vorantreiben. Um es mit einem abgewandelten Spruch auszudrücken: **Der bewusste Weg ist das Ziel!**"

Dr. Aniane fällt es schwer die neuen Gedanken auf die Schnelle zu verarbeiten. Er keucht: „Aber was wird aus uns, wenn wir sterben?"

Unsterblichkeit

„Die Frage, was unter Berücksichtigung der Vakuumtheorie mit dem menschlichen Bewusstsein nach dem physischen Tod des Körpers passiert, kann bestimmt auch jemand anders beantworten, als ein Physiker." Professor Allman fühlt sich ein wenig erschöpft, aber zufrieden mit dem bisher erreichten. „Wer traut sich, zu dem letzten Thema unserer Seminarveranstaltung etwas zu sagen?"

Dr. Maupertius lächelt weise: „Ich denke, als Philosoph kommt mir die Aufgabe zu, metaphysische Fragestellungen zu beantworten."

„Dann bitte ich Sie, Dr. Maupertius, nehmen Sie mir diese Aufgabe ab!"

„Verehrte Kolleginnen und Kollegen, ich glaube wir haben in den letzten Tagen, tief greifende neue Erkenntnisse über unser Sein gewonnen. Diese Erkenntnisse möchte ich in meine Argumentation mit einfließen lassen. – Bewusstsein, das haben wir gelernt, ist eine Funktion des Vakuums. Dem Gehirn kommt die Aufgabe eines Empfänger von Bewusstsein zu. Bewusstsein braucht für seine Existenz kein Gehirn. Der physische Tod ist eine Funktion des Raumzeit-Universums und nicht des Vakuums. Deshalb kann der physische Tod dem Bewusstsein nichts anhaben. Es existiert weiter im Vakuum. Ich könnte mir sogar vorstellen, dass es nach dem physischen Tod von raumzeitlichen Einschränkungen befreit ist und dadurch klarer sieht. Aufgrund der statischen Struktur der vierdimensionalen Raumzeit kann das Bewusstsein nun Raumzeit-Objekte in ihrer ganzen raumzeitlichen Ausdehnung simultan erkennen, also den kompletten Filmstreifen und nicht nur einzelne Bilder in scheinbar zeitlicher Folge. – Ich glaube ich kann sogar den Begriff der Seele mit dem des Bewusstseins zusammenführen durch folgende Definition: Eine Seele ist die am höchsten motivierte und am stärksten mit Energie geladene Bewusstseinseinheit. – Lassen Sie mich deshalb zum Abschluss eine seit jahrtausenden diskutierte Frage mit einem Satz beantworten: **Menschen besitzen eine Seele und die ist unsterblich.**"

Professor Allman übernimmt wieder das Wort: „Ich danke Ihnen für den Bezug zur Philosophie, Dr. Maupertius." Dann wendet er sich an alle Teilnehmer. „Den Worten unseres verehrten Kollegen brauche ich nur noch hinzuzufügen, dass alle Erkenntnis, die Sie hier im Lehrgang gewonnen haben, nicht auf der Offenbarung oder der Esoterik beruhen, sondern allein auf der naturwissenschaftlichen Methode. Am Ende des Lehrgangs angekommen darf ich Sie mit folgender Aufforderung nach Hause gehen lassen." Mitten im Raum leuchtet diese auf.

Nehmen Sie aktiv Teil an der Evolution!
Entwickeln Sie die Welt durch Ihre Gedanken und bewussten Entscheidungen und haben Sie keine Angst, was nach dem physischen Ende sein wird, denn der Mensch besitzt ein unsterbliches Bewusstsein.

Als Professor Allman endet, bleiben die Teilnehmer einen kurzen Augenblick ergriffen und ruhig, dann setzt lang anhaltender Beifall ein.

Eine erkenntnisreiche Lehrgangswoche ist beendet.

Glossar

Dekohärenz

Mit der Messung von Quanten findet das Phänomen der Dekohärenz statt: ein bisher abgeschlossenes Quantensystem tritt mit seiner Umgebung in Wechselwirkung. Die gemessenen Quanten nehmen einen realen Zustand ein, den sie sich anscheinend selbst aussuchen. Vor der Dekohärenz befanden sich die Quanten in einem nicht realen Zustand.

Determinismus

Der Determinismus ist ein philosophisches Konzept. Er geht davon aus, dass alle Ereignisse nach feststehenden Gesetzen ablaufen und sie durch diese vollständig bestimmt bzw. determiniert seien.

Fokus

Den Fokus hat das Element der Wirklichkeit, das von einem Bewusstsein als nächstes wahrgenommen wird.

Information

Information ist ein Muster von Materie oder einer Energieform, das für einen Beobachter eine bestimmte Bedeutung besitzt.

Längenkontraktion	Die Längenkontraktion ist ein Phänomen der speziellen Relativitätstheorie. Für einen Beobachter sind Objekte umso kürzer, je schneller sie sich relativ zu ihm bewegen.
Metrik	Eine Metrik ist eine mathematische Funktion, die je zwei Elementen eines Raums einen Wert zuordnet, der als Abstand der beiden Elemente aufgefasst werden kann.
Ockhams Rasiermesser	Ockhams Rasiermesser ist ein wichtiges Entscheidungskriterium der Wissenschaft mit folgender Aussage: Wenn es mehrere Theorien gibt, die den gleichen Sachverhalt erklären, ist die einfachste auszuwählen.
Photonen	Anschaulich gesprochen sind Photonen so etwas wie „Lichtteilchen".
Polarisation des Lichts	Polarisation ist die Ausrichtung der Schwingungsebene von Lichtwellen.
Quant	Ein Quant ist ein Energiepaket von bestimmter Größe, das Quantenverhalten zeigt. Atomare und subatomare Teilchen zeigen Quantenverhalten.

Raumzeit	In der Relativitätstheorie werden Raum und Zeit zu einer einheitlichen vierdimensionalen Struktur mit dem Namen Raumzeit vereinigt.
Raumzeitliche Ausdehnung	Raumzeitliche Ausdehnung bedeutet, dass ein Objekt alle seine Eigenzustände enthält.
Verschränkung	Die Verschränkung ist ein Phänomen der Quantenphysik. Zwei oder mehr verschränkte Teilchen eines Systems hängen so eng zusammen, auch wenn sie räumlich beliebig weit voneinander entfernt sind, dass die Messung eines Teilchens das andere unmittelbar beeinflusst. Von Einstein als 'spukhafte Fernwirkung' angesehen.
Zeitdilatation	Die Zeitdilatation ist ein Phänomen der Relativitätstheorie. Es besagt, dass eine Uhr, die sich relativ zu einem Beobachter bewegt, aus dessen Sicht langsamer zu laufen scheint, und damit auch die Zeit selbst.

Literaturhinweise

Populärwissenschaftliche Bücher

Churchland, Paul M.: *Die Seelenmaschine. Eine philosophische Reise ins Gehirn.* Spektrum Akademischer Verlag Heidelberg, Berlin, 2001. Churchland vertritt die These, dass Denken, Fühlen und Selbstbewusstsein als reine Gehirnfunktion erklärt werden kann.

Davis, Paul: *Der Plan Gottes. Die Rätsel unserer Existenz und die Wissenschaft.* Insel Verlag, 1996.

Faulstich, Joachim: *Das Innere Land. Bewusstseinsreisen zwischen Leben und Tod.* Knaur, München 2006.

Laszlo, Ervin: *Holos die Welt der neuen Wissenschaften.* Verlag Via Nova, 2002. Eine Einführung in die grundlegenden Konzepte der Realität so, wie sie von Laszlo gesehen wird.

Lazlo, Ervin: *Zu Hause im Universum. Eine neue Vision der Wirklichkeit.* Allegria, 2005.

Pickover, Clifford A.: *Die Mathematik und das Göttliche.* Spektrum Akademischer Verlag Heidelberg, Berlin, 2003. Das Buch schärft auf amüsante Weise den Blick für die mathematische Struktur der Realität. Auch für Nichtmathematiker geeignet.

Rae, Alastair I.M.: *Quantenphysik: Illusion oder Realität?* Philipp Reclam jun. Stuttgart, 1996. Der britische Physiker erläutert die wichtigsten Punkte der Quantentheorie, diskutiert Probleme und deutet Lösungsmöglichkeiten an.

Tipler, Frank J.: *Die Physik der Unsterblichkeit. Moderne Kosmologie, Gott und die Auferstehung der Toten.* R. Piper GmbH & Co. KG, München 1994. Eine physikalische Theorie, welche beansprucht die Versöhnung von Naturwissenschaft und Religion herbeizuführen. Der Autor sieht die Theologie als Spezialgebiet der Physik.

Zeilinger, Anton: *Einsteins Spuk. Teleportation und weitere Mysterien der Quantenphysik.* Wilhelm Goldmann Verlag, 2007. Zeilinger beschreibt, wie Teleportation funktioniert. Auch für Nichtphysiker nachvollziehbar!

Interessante Artikel

Buser, Pierre: *„Bewusstsein bei Tieren"*, in: Spektrum der Wissenschaft Spezial, Heft 1/2004.

Junge, J., D. Palu, F. Schön: *„Die scheinbare Welt"*, in: Welt der Wunder, Heft 2/2007. Wie das Gehirn die reale Welt simuliert.

Rees, Sir Martin: *„Ist das Leben eine Simulation?"*, in: Welt der Wunder, Heft 10/2007.

Ripota, Peter: *„Das Universum hat ein Bewusstsein!"*, in: P.M. Peter Moosleitners Magazin, September 2003.

Ripota, Peter: *„Wissenschaft kontra Religion: Schöpfungsmythen"*, in: P.M. Peter Moosleitners Magazin, April 2007.

Roth, Gerhard: *„Gleichtakt im Neuronennetz"*, in: Gehirn & Geist, Heft 1/2002. Der Autor versucht Bewusstsein als reine Gehirnfunktion zu erklären.

Schön, F., F. Meyer-Postelt: *„Gibt es ein Bewusstsein außerhalb des Gehirns?"*, in: Welt der Wunder, Heft 8/2006.

Vaas, Rüdiger: *„Zeit ist nur eine Illusion"*, in: Bild der Wissenschaft, Heft 1/2008.

Abbildungsverzeichnis

Abbildung 1: Wegeners Verschiebungstheorie...................19
Abbildung 2: Die hier dargestellten paläobiogeografischen Verbreitungsgebiete von Cynognathus, Mesosaurus, Glossopteris und Lystrosaurus erlauben die Rekonstruktion des Urkontinents....................21
Abbildung 3: Ernest Rutherford zur Zeit seines Streuversuchs...25
Abbildung 4: Doppelspalt-Experiment....................29
Abbildung 5: Interferenzstreifen auf der Fotoplatte..................29
Abbildung 6: Platon....................36
Abbildung 7: Kontinuum, Vakuum und Raum-Zeit-Universum (RZU)....................40
Abbildung 8: Doppelspalt-Experiment in verschiedenen Varianten....................42
Abbildung 9: Zwei Photonen-Häufungen ohne Interferenz........47
Abbildung 10: Gravitationslinsen-Effekt. An den scheinbaren Orten ist jeweils ein Quasar zu sehen. Das Gravitationsfeld besteht aus einem Galaxie-Haufen. Im Brennpunkt liegt die Erde. Bild: Horst Frank. (GNU-Lizenz s. Anhang)....................51
Abbildung 11: Zwei-Photonen-Experiment zur 'spukhaften Fernwirkung'; die Lichtquelle S erzeugt Photonenpaare mit der Eigenschaft, dass ihre Polarisierung immer rechtwinklig ist; PBS=polarisierender Strahlenteiler....................53
Abbildung 12: Verschränkte Würfel zeigen nach dem Wurf zusammen immer sieben Augen....................56
Abbildung 13: Mathematisches Modell für das Kontinuum (=Kontinuumsmodell)....................67
Abbildung 14: Atommodell (nicht maßstäblich)....................73
Abbildung 15: Bestandteile von Information....................77
Abbildung 16: Information als Teil des Bewusstseins..................80

Abbildung 17: Wie man im 17. Jh. versuchte menschliches
Bewusstsein zu erklären..84
Abbildung 18: Regelsystem Körpertemperatur....................87
Abbildung 19: Besitzen gemeine Schimpansen (Pan troglodytes)
Bewusstsein?..90
Abbildung 20: Das Kugelstoßpendel veranschaulicht eine sehr
kurze Wechselwirkung mit Austausch von Energie und
Information, Foto: Dominique Toussaint, GNU-Lizenz s.
Anhang...97
Abbildung 21: Hyronimus Bosch; Der Flug zum Himmel; um
1500; Ort: Dogenpalast in Venedig.................................105
Abbildung 22: Minkowski-Diagramm zur Veranschaulichung der
Zeitdilatation und Längenkontraktion. Für den Beobachter in A
scheint die bewegte Uhr in B langsamer zu laufen. Die von ihm
festgestellte Länge OD für den bewegten Maßstab OE
ist kürzer...114
Abbildung 23: NAVSTAR-Satellit der zweiten Generation zur
Positionsbestimmung...117
Abbildung 24: Zeitliche Entwicklung und raumzeitliche
Ausdehnung...118
Abbildung 25: Berühmtes Fraktal (Apfelmännchen)...........126
Abbildung 26: Fünfzigtausendfach vergrößertes Detail vom Rand
des Apfelmännchens...127

Stichwortverzeichnis

Alpha-Teilchen.......24
Anschauungsraum
..............111, 119, 129
Apfelmännchen...126, 129
Äther....................112
Ätherwind.............112
Atomkern...23f., 26ff., 74
Baumeister............130
Bedeutung..11, 14, 53, 76ff., 85, 113, 116, 128, 130
Begegnung mit dem Tod.......................101
Bell.............45, 52, 57
Beobachter.113, 115f., 120
Bewusstsein 7, 9, 64f., 80ff., 85ff., 91f., 94ff., 98ff., 105, 107ff., 113, 115, 120ff., 128ff., 133, 136f.
Bewusstseinseinheit 109, 124, 129, 131
Dekohärenz....47, 119, 122, 124, 129, 133
Demiurg............125f.
Descartes................83
Determinismus....57f., 133
DeWitt..................122
Doppelspalt-Experiment 27f., 30ff.,

41, 49f., 52, 63, 93
Einstein..9, 18, 51, 53, 71, 78, 113, 137
Elementarbaustein..76
Elementarteilchen 74f.
Etwas......82, 120, 128
Everetts.................122
Evolution.....125, 130, 132
falsifizieren....14f., 62
Flecktest...........89, 92
Formel.78, 124, 126ff.
freier Wille....9, 123ff.
fundamentaler Baustein................110
Gallup....................89
Gehirn...83, 99, 101f., 108, 120, 131, 136f.
Gehirnwellen64f., 102
Geist....9, 13, 83, 113, 137
Glaubwürdigkeit9, 13, 18, 22, 27
Gleichzeitigkeit....113
GPS-Satellit..........116
Hypothese..13f., 16ff., 20, 22f., 25ff., 30ff., 34, 60ff.
Illusion.111, 120, 123, 136f.
Information......39, 45, 48ff., 52, 57f., 63, 76ff., 80, 93ff., 98f., 109f., 128f., 133

Informationsspeicher 62f., 70, 72, 78, 81, 96, 109
Interferenz.....28, 42f., 46, 48, 52, 63, 93
Kernspintomografie83
kognitives Bewusstsein............85
Kontinentalverschiebu ng.................20, 22, 27
Kontinuum..39f., 68f., 125f., 129f.
Kontinuums-Modell 99, 107
Körpertemperatur87ff.
künstliche Intelligenz 86
Längenkontraktion 113, 116ff., 133
Leben nach dem Tod 106
Lichtgeschwindigkeit ..58, 69, 112, 115, 117
mathematisches Modell 30, 31, 32, 107
Metaphysik....11f., 18, 33, 83
Metrik....68ff., 72, 96, 109, 129, 134
metrikfrei........99, 109
Michelson-Interferometer.......112
Michelson-Morley-Experiment..........111

Minkowski-
Diagramm............114
Muster....41, 65, 77ff.,
85, 98, 128
Myonen................117
Nahtoderlebnis.....101
Neurowissenschaft. 86
nichtlokal.........69, 99,
107ff.
nichtlokale
Verbindung.....69, 108
Nichts..89, 100, 126ff.
Ockhams
Rasiermesser...14, 17,
61, 108, 122, 130, 134
Operation..........101f.,
104ff., 108
Pam Reynolds...101ff.
Parapsychologie.....18
Phänomen..20ff., 26f.,
30ff., 34f., 39, 45,
47f., 57f., 60ff., 83,
98f., 101, 133
Photon 41, 43ff., 51ff.,
62f., 69, 94, 100, 107,
119, 121f., 134
physischer Tod...130f.
Platon.....35f., 73, 125
Platonsches
Höhlengleichnis......95
Polarisation. 54ff., 134
Polarisierung....54, 94
primäres Bewusstsein
......86, 89, 91f., 94ff.,
100, 124
Pseudowissenschaft
............12, 16
Quant...9f., 27, 30, 32,
39f., 45, 47ff., 53f.,
57, 61ff., 69ff., 78,

92ff., 98ff., 109, 113,
119, 122ff., 129,
133f., 136f.
Quantenmechanik..27,
30, 32, 71
Quantentheorie....113,
123, 136
Quark.................74
Quasar................50ff.
Raum und Zeit.45, 50,
52f., 58, 60f., 66f., 69,
111, 113f., 118, 129,
134
Raum-Zeit-
Universums.....45, 50,
52, 58, 61ff., 69, 72,
77, 95, 110
Raumzeit.........51, 71,
117ff., 123, 125,
129ff., 134
raumzeitliche
Ausdehnung..119, 135
Realität 9, 33, 58, 116,
136
Regelsystem........87ff.
Relativitätstheorie. 51,
71, 113ff., 120, 134f.
Religion.......12f., 15f.
Rückbezüglichkeit 126
Rutherford......24, 26f.
RZU...39ff., 45f., 48f.,
60f., 99, 107f., 118
Schimpansen...87, 89,
91
Schöpfungsmythos
............15f.
Seele..............58, 131
Selbstbewusstsein.136
Sinn. .9, 100, 125, 130
Skeptikerbewegung

............104
spukhafte
Fernwirkung....53, 58,
62, 69, 107, 135
Störgröße...............88
Streuversuch.....24, 27
Teleportation...53, 137
Theorie...12ff., 20, 22,
26f., 30ff., 45f., 50,
57ff., 63f., 66, 70f., 99
Tod....9, 22, 92, 101f.,
106, 130f., 136
topologischer Raum
............70, 72, 96, 109
transpersonales
Bewusstsein...64, 99f.
unerklärliche
Phänomene....20, 22f.,
27, 35, 62f., 111f.
Unsterblichkeit........9,
130f., 136
Vakuum........16, 39ff.,
45ff., 53, 58, 60f.,
63ff., 68ff., 78, 81,
95f., 98ff., 108f., 113,
131
Vakuumenergie.......96
Verhaltensmerkmale
............86, 91ff., 124
verifizieren...........14f.
Verschränkung54, 135
Viele-Welten-Theorie
............121f., 129
Vorhersage. .14f., 17f.,
22, 30ff., 64f., 124
vorwissenschaftlich
............18, 22
Wechselwirkung....47,
71f., 96, 98ff., 107ff.,
121, 133

141

Weg-Zeit-Diagramm 115, 118

Wegener. .20ff., 27, 60

Welle-Teilchen-Dualismus........27, 30, 32f., 48

Welterbauer..........125

Wirklichkeit.....9, 11f., 14ff., 20, 23, 26f., 31ff., 38f., 51, 58, 60, 71ff., 77, 79f., 85f., 88, 91, 93, 95, 100, 111, 122, 133, 136

Wissenschaft....7, 9ff., 18, 22, 26, 32f., 35, 39f., 60, 83, 86, 92, 104f., 108, 136f.

Zeilinger.........53, 137

Zeit..13, 20, 39f., 44f., 47, 50, 52f., 58, 60ff., 65ff., 72, 77, 83, 89, 95, 104, 108, 110f., 113ff., 118, 120f., 123, 137

Zeit ist eine Illusion 120, 123

Zeitdilatation.......113, 116ff., 135

zeitliche Entwicklung ....118ff.

zentrales Nervensystem.........88

Zufall.....55, 57f., 121, 124

Zwei-Photonen-Experiment 58, 62, 94, 107, 121f.

Anhang

Einige speziell gekennzeichnete Bilder sind unter GNU lizensiert. Für diese Bilder gelten die nachfolgenden Lizenzbedingungen:

GNU Free Documentation License

Version 1.2, November 2002

Copyright (C) 2000,2001,2002 Free Software Foundation, Inc.
51 Franklin St, Fifth Floor, Boston, MA 02110-1301 USA
Everyone is permitted to copy and distribute verbatim copies
of this license document, but changing it is not allowed.

0. PREAMBLE

The purpose of this License is to make a manual, textbook, or other functional and useful document "free" in the sense of freedom: to assure everyone the effective freedom to copy and redistribute it, with or without modifying it, either commercially or noncommercially. Secondarily, this License preserves for the author and publisher a way to get credit for their work, while not being considered responsible for modifications made by others.

This License is a kind of "copyleft", which means that derivative works of the document must themselves be free in the same sense. It complements the GNU General Public License, which is a copyleft license designed for free software.

We have designed this License in order to use it for manuals for free software, because free software needs free documentation: a free program should come with manuals providing the same freedoms that the software does. But this License is not limited to software manuals; it can be used for any textual work, regardless of subject matter or whether it is published as a printed book. We recommend this License principally for works whose purpose is instruction or reference.

1. APPLICABILITY AND DEFINITIONS

This License applies to any manual or other work, in any medium, that contains a notice placed by the copyright holder saying it can be distributed under the terms of this License. Such a notice grants a world-wide, royalty-free license, unlimited in duration, to use that work under the conditions stated herein. The "Document", below, refers to any such manual or work. Any member of the public is a licensee, and is addressed as "you". You accept the license if you copy, modify or distribute the work in a way requiring permission under copyright law.

A "Modified Version" of the Document means any work containing the Document or a portion of it, either copied verbatim, or with modifications and/or translated into another language.

A "Secondary Section" is a named appendix or a front-matter section of the Document that deals exclusively with the relationship of the publishers or authors of the Document to the Document's overall subject (or to related matters) and contains nothing that could fall directly within that overall subject. (Thus, if the Document is in part a textbook of mathematics, a Secondary Section may not explain any mathematics.) The relationship could be a matter of historical connection with the subject or with related matters, or of legal, commercial, philosophical, ethical or political position regarding them.

The "Invariant Sections" are certain Secondary Sections whose titles are designated, as being those of Invariant Sections, in the notice that says that the Document is released under this License. If a section does not fit the above definition of Secondary then it is not allowed to be designated as Invariant. The Document may contain zero Invariant Sections. If the Document does not identify any Invariant Sections then there are none.

The "Cover Texts" are certain short passages of text that are listed, as Front-Cover Texts or Back-Cover Texts, in the notice that says that the Document is released under this License. A Front-Cover Text may be at most 5 words, and a Back-Cover Text may be at most 25 words.

A "Transparent" copy of the Document means a machine-readable copy, represented in a format whose specification is available to the general public, that is suitable for revising the document straightforwardly with generic text editors or (for images composed of pixels) generic paint programs or (for drawings) some widely available drawing editor, and that is suitable for input to text formatters or for automatic translation to a variety of formats suitable for input to text formatters. A copy made in an otherwise Transparent file format whose markup, or absence of markup, has been arranged to thwart or discourage subsequent modification by readers is not Transparent. An image format is not Transparent if used for any substantial amount of text. A copy that is not "Transparent" is called "Opaque". Examples of suitable formats for Transparent copies include plain ASCII without markup, Texinfo input format,

LaTeX input format, SGML or XML using a publicly available DTD, and standard-conforming simple HTML, PostScript or PDF designed for human modification. Examples of transparent image formats include PNG, XCF and JPG. Opaque formats include proprietary formats that can be read and edited only by proprietary word processors, SGML or XML for which the DTD and/or processing tools are not generally available, and the machine-generated HTML, PostScript or PDF produced by some word processors for output purposes only.

The "Title Page" means, for a printed book, the title page itself, plus such following pages as are needed to hold, legibly, the material this License requires to appear in the title page. For works in formats which do not have any title page as such, "Title Page" means the text near the most prominent appearance of the work's title, preceding the beginning of the body of the text.

A section "Entitled XYZ" means a named subunit of the Document whose title either is precisely XYZ or contains XYZ in parentheses following text that translates XYZ in another language. (Here XYZ stands for a specific section name mentioned below, such as "Acknowledgements", "Dedications", "Endorsements", or "History".) To "Preserve the Title" of such a section when you modify the Document means that it remains a section "Entitled XYZ" according to this definition.

The Document may include Warranty Disclaimers next to the notice which states that this License applies to the Document. These Warranty Disclaimers are considered to be included by reference in this License, but only as regards disclaiming warranties: any other implication that these Warranty Disclaimers may have is void and has no effect on the meaning of this License.

2. VERBATIM COPYING

You may copy and distribute the Document in any medium, either commercially or noncommercially, provided that this License, the copyright notices, and the license notice saying this License applies to the Document are reproduced in all copies, and that you add no other conditions whatsoever to those of this License. You may not use technical measures to obstruct or control the reading or further copying of the copies you make or distribute. However, you may accept compensation in exchange for copies. If you distribute a large enough number of copies you must also follow the conditions in section 3.

You may also lend copies, under the same conditions stated above, and you may publicly display copies.

3. COPYING IN QUANTITY

If you publish printed copies (or copies in media that commonly have printed covers) of the Document, numbering more than 100, and the Document's license notice requires Cover Texts, you must enclose the copies in covers that carry, clearly and legibly, all these Cover Texts: Front-Cover Texts on the front cover, and Back-Cover Texts on the back cover. Both covers must also clearly and legibly identify you as the publisher of these copies. The front cover must present the full title with all words of the title equally prominent and visible. You may add other material on the covers in addition. Copying with changes limited to the covers, as long as they preserve the title of the Document and satisfy these conditions, can be treated as verbatim copying in other respects.

If the required texts for either cover are too voluminous to fit legibly, you should put the first ones listed (as many as fit reasonably) on the actual cover, and continue the rest onto adjacent pages.

If you publish or distribute Opaque copies of the Document numbering more than 100, you must either include a machine-readable Transparent copy along with each Opaque copy, or state in or with each Opaque copy a computer-network location from which the general network-using public has access to download using public-standard network protocols a complete Transparent copy of the Document, free of added material. If you use the latter option, you must take reasonably prudent steps, when you begin distribution of Opaque copies in quantity, to ensure that this Transparent copy will remain thus accessible at the stated location until at least one year after the last time you distribute an Opaque copy (directly or through your agents or retailers) of that edition to the public.

It is requested, but not required, that you contact the authors of the Document well before redistributing any large number of copies, to give them a chance to provide you with an updated version of the Document.

4. MODIFICATIONS

You may copy and distribute a Modified Version of the Document under the conditions of sections 2 and 3 above, provided that you release the Modified Version under precisely this License, with the Modified Version filling the role of the Document, thus licensing distribution and modification of the Modified Version to whoever possesses a copy of it. In addition, you must do these things in the Modified Version:

- **A.** Use in the Title Page (and on the covers, if any) a title distinct from that of the Document, and from those of previous versions (which should, if there were any, be listed in the History section of the Document). You may use the same title as a previous version if the original publisher of that version gives permission.

- **B.** List on the Title Page, as authors, one or more persons or entities responsible for authorship of the modifications in the Modified Version, together with at least five of the principal authors of the Document (all of its principal authors, if it has fewer than five), unless they release you from this requirement.

- **C.** State on the Title page the name of the publisher of the Modified Version, as the publisher.

- **D.** Preserve all the copyright notices of the Document.

- **E.** Add an appropriate copyright notice for your modifications adjacent to the other copyright notices.
- **F.** Include, immediately after the copyright notices, a license notice giving the public permission to use the Modified Version under the terms of this License, in the form shown in the Addendum below.
- **G.** Preserve in that license notice the full lists of Invariant Sections and required Cover Texts given in the Document's license notice.
- **H.** Include an unaltered copy of this License.
- **I.** Preserve the section Entitled "History", Preserve its Title, and add to it an item stating at least the title, year, new authors, and publisher of the Modified Version as given on the Title Page. If there is no section Entitled "History" in the Document, create one stating the title, year, authors, and publisher of the Document as given on its Title Page, then add an item describing the Modified Version as stated in the previous sentence.
- **J.** Preserve the network location, if any, given in the Document for public access to a Transparent copy of the Document, and likewise the network locations given in the Document for previous versions it was based on. These may be placed in the "History" section. You may omit a network location for a work that was published at least four years before the Document itself, or if the original publisher of the version it refers to gives permission.
- **K.** For any section Entitled "Acknowledgements" or "Dedications", Preserve the Title of the section, and preserve in the section all the substance and tone of each of the contributor acknowledgements and/or dedications given therein.
- **L.** Preserve all the Invariant Sections of the Document, unaltered in their text and in their titles. Section numbers or the equivalent are not considered part of the section titles.
- **M.** Delete any section Entitled "Endorsements". Such a section may not be included in the Modified Version.
- **N.** Do not retitle any existing section to be Entitled "Endorsements" or to conflict in title with any Invariant Section.
- **O.** Preserve any Warranty Disclaimers.

If the Modified Version includes new front-matter sections or appendices that qualify as Secondary Sections and contain no material copied from the Document, you may at your option designate some or all of these sections as invariant. To do this, add their titles to the list of Invariant Sections in the Modified Version's license notice. These titles must be distinct from any other section titles.

You may add a section Entitled "Endorsements", provided it contains nothing but endorsements of your Modified Version by various parties--for example, statements of peer review or that the text has been approved by an organization as the authoritative definition of a standard.

You may add a passage of up to five words as a Front-Cover Text, and a passage of up to 25 words as a Back-Cover Text, to the end of the list of Cover Texts in the Modified Version. Only one passage of Front-Cover Text and one of Back-Cover Text may be added by (or through arrangements made by) any one entity. If the Document already includes a cover text for the same cover, previously added by you or by arrangement made by the same entity you are acting on behalf of, you may not add another; but you may replace the old one, on explicit permission from the previous publisher that added the old one.

The author(s) and publisher(s) of the Document do not by this License give permission to use their names for publicity for or to assert or imply endorsement of any Modified Version.

5. COMBINING DOCUMENTS

You may combine the Document with other documents released under this License, under the terms defined in section 4 above for modified versions, provided that you include in the combination all of the Invariant Sections of all of the original documents, unmodified, and list them all as Invariant Sections of your combined work in its license notice, and that you preserve all their Warranty Disclaimers.

The combined work need only contain one copy of this License, and multiple identical Invariant Sections may be replaced with a single copy. If there are multiple Invariant Sections with the same name but different contents, make the title of each such section unique by adding at the end of it, in parentheses, the name of the original author or publisher of that section if known, or else a unique number. Make the same adjustment to the section titles in the list of Invariant Sections in the license notice of the combined work.

In the combination, you must combine any sections Entitled "History" in the various original documents, forming one section Entitled "History"; likewise combine any sections Entitled "Acknowledgements", and any sections Entitled "Dedications". You must delete all sections Entitled "Endorsements".

6. COLLECTIONS OF DOCUMENTS

You may make a collection consisting of the Document and other documents released under this License, and replace the individual copies of this License in the various documents with a single copy that is included in the collection, provided that you follow the rules of this License for verbatim copying of each of the documents in all other respects.

You may extract a single document from such a collection, and distribute it individually under this License, provided you insert a copy of this License into the extracted document, and follow this License in all other respects regarding verbatim copying of that document.

7. AGGREGATION WITH INDEPENDENT WORKS

A compilation of the Document or its derivatives with other separate and independent documents or works, in or on a volume of a storage or distribution medium, is called an "aggregate" if the copyright resulting from the compilation is not used to limit the legal rights of the compilation's users beyond what the individual works permit. When the Document is included in an aggregate, this License does not apply to the other works in the aggregate which are not themselves derivative works of the Document.
If the Cover Text requirement of section 3 is applicable to these copies of the Document, then if the Document is less than one half of the entire aggregate, the Document's Cover Texts may be placed on covers that bracket the Document within the aggregate, or the electronic equivalent of covers if the Document is in electronic form. Otherwise they must appear on printed covers that bracket the whole aggregate.

8. TRANSLATION

Translation is considered a kind of modification, so you may distribute translations of the Document under the terms of section 4. Replacing Invariant Sections with translations requires special permission from their copyright holders, but you may include translations of some or all Invariant Sections in addition to the original versions of these Invariant Sections. You may include a translation of this License, and all the license notices in the Document, and any Warranty Disclaimers, provided that you also include the original English version of this License and the original versions of those notices and disclaimers. In case of a disagreement between the translation and the original version of this License or a notice or disclaimer, the original version will prevail.
If a section in the Document is Entitled "Acknowledgements", "Dedications", or "History", the requirement (section 4) to Preserve its Title (section 1) will typically require changing the actual title.

9. TERMINATION

You may not copy, modify, sublicense, or distribute the Document except as expressly provided for under this License. Any other attempt to copy, modify, sublicense or distribute the Document is void, and will automatically terminate your rights under this License. However, parties who have received copies, or rights, from you under this License will not have their licenses terminated so long as such parties remain in full compliance.

10. FUTURE REVISIONS OF THIS LICENSE

The Free Software Foundation may publish new, revised versions of the GNU Free Documentation License from time to time. Such new versions will be similar in spirit to the present version, but may differ in detail to address new problems or concerns. See http://www.gnu.org/copyleft/.
Each version of the License is given a distinguishing version number. If the Document specifies that a particular numbered version of this License "or any later version" applies to it, you have the option of following the terms and conditions either of that specified version or of any later version that has been published (not as a draft) by the Free Software Foundation. If the Document does not specify a version number of this License, you may choose any version ever published (not as a draft) by the Free Software Foundation.

ADDENDUM: How to use this License for your documents

To use this License in a document you have written, include a copy of the License in the document and put the following copyright and license notices just after the title page:
Copyright (c) YEAR YOUR NAME.

Permission is granted to copy, distribute and/or modify this document
under the terms of the GNU Free Documentation License, Version 1.2
or any later version published by the Free Software Foundation;
with no Invariant Sections, no Front-Cover Texts, and no Back-Cover Texts.
A copy of the license is included in the section entitled
"GNU Free Documentation License".

If you have Invariant Sections, Front-Cover Texts and Back-Cover Texts, replace the "with...Texts." line with this:
with the Invariant Sections being LIST THEIR TITLES, with the
Front-Cover Texts being LIST, and with the Back-Cover Texts being LIST.
If you have Invariant Sections without Cover Texts, or some other combination of the three, merge those two alternatives to suit the situation.

Ernst Haeckel
Die Welträtsel

Neu herausgegeben
von
Klaus-Dieter Sedlacek

Als bedeutender Naturforscher und Philosoph des 19. Jahrhunderts erzielte Ernst Haeckel (geb. 16.2.1834, gest. 9.8.1919) mit seinem Werk „Die Welträtsel" 1899 einen Weltbestseller, der in kürzester Frist ein Auflage von mehreren hunderttausend Exemplaren erreichte und in über fünfundzwanzig Sprachen übersetzt wurde.
Was ist das Geheimnis von Haeckels Werk, das heute immer noch Aktualität besitzt?

Haeckel bedient das zunehmende Streben der Menschen nach tieferer Erkenntnis und Wahrheit mit einer naturwissenschaftlich fundierten Philosophie des Monismus, nach der sich alle Phänomene der Welt auf ein einziges Grundprinzip zurückführen lassen. Dazu benötigt er weder die Offenbarung noch den Wunderglauben, sondern allein die empirische Naturwissenschaft und die darauf fußende Evolutionstheorie. Folgerichtig lehnt er jeden Schöpfungsakt strikt ab. Sein Monismus ist der einer durchgeistigten Materie. Die Natur bis hin zu den grundlegenden Strukturen sieht er als belebt an. Darin kommt er Überlegungen heutiger Quantenphysiker nahe, die im Monismus die Erklärung für zahlreiche Quantenphänomene suchen.

Haeckel schreibt klar und in einer verständlichen Sprache. Er gibt im Rahmen einer grandiosen Gesamtschau der Welt zeitlose Antworten auf die großen Fragen des Seins.

Ernst Haeckel und Klaus-Dieter Sedlacek (Hrsg.):
Die Welträtsel.
Gemeinverständliche Studien über monistische Philosophie.
ISBN 978-3-8370-5419-4, Paperback, 260 Seiten

Ein Zeitreise- und Parallelwelt-Roman des gleichen Autors:

Professor Allman will die Weltformel finden. Er und sein 16-jähriger Assistent Daniel transportieren sich mit einer selbst gebauten Zeitmaschine in die Fortschrittswelt - landen dabei aber immer wieder im falschen Universum. Plötzlich geht es um Kopf und Kragen. Kann die attraktive Kryptozoologin Heroine helfen? Temporeich und spannend! Für Science-Fiction-Fans ein Muss!

Klaus-Dieter Sedlacek:
Professor Allman – Auf der Suche nach der Weltformel.
ISBN 978-3-8370-0708-4, Paperback, 252 Seiten.

Internet: www.klaus-sedlacek.de